Karin Jansen

Was Hunde *bewegt*

Zusammenhänge zwischen Motorik, Psyche und Verhalten

Kynos

Konrad-Zuse-Straße 3, D-54552 Nerdlen / Daun
Telefon: 06592 957389-0
www.kynos-verlag.

Grafik & Layout: Kynos Verlag

Gedruckt in Lettland

ISBN 978-3-95464-326-4

Bildnachweis:
Adobe Stock: Ines Hasenau-adobe.stock.com: S. 59
Homburg, Nicole: S. 15, 19, 21, 23, 24, 25, 27, 31, 32, 33, 42, 56, 60, 61, 71, 75, 80, 81, 83, 93, 107, 115, 117, 122, 123, 126, 127, 128, 129, 139, 142, 143, 147, 149, 154, 156, 159, 162, 164, 166, 168, 169, 172, 175, 176, 178, 188, 190, 197, 201, 205, 207, 210,
Jansen, Nina: Titelfoto, S. 11, 29, 34, 35, 39, 47, 48, 65, 66, 68, 105, 114, 131, 132, 146, 170, 180, 181, 195, 202, 208, 217, 219, 223
orthoVET Dr. med. vet. Patrick Blättler Monnier: S. 100, 101
Grafiken: Nicole Hilgers: S. 89, 99, 103, 104, 108, 109, 110, 111, 112, 199 (unter Verwendung von Vectorovich-adobe.stock.com)

KYNOS STIFTUNG

Mit dem Kauf dieses Buches unterstützen Sie die Kynos Stiftung
Hunde helfen Menschen – www.kynos-stiftung.de

Inhaltsverzeichnis

Vorwort

Was wäre, wenn wir über unsere Hunde in der Beobachtung und Berührung viel mehr erfahren könnten, als wir in unseren kühnsten Träumen erhoffen könnten?

Wir könnten ihnen helfen. Helfen zu entspannen, helfen zu vertrauen, helfen locker zu lassen, helfen ihre Gefühle von Ohnmacht und Kontrollverlust zu überwinden. Wir könnten sie sich selbst spüren lassen, sie darin unterstützen, sich in angespannten Situationen nicht zu verlieren, sich nicht mehr belastet zu fühlen und unbeschwerter mit uns durch das gemeinsame Leben zu gehen.

Das können wir tatsächlich! Wenn wir uns einfühlen, unsere fünf Sinne ganz für unsere Hunde öffnen und uns ein wenig Zeit nehmen, um unser Miteinander etwas anders zu gestalten.

Schon drei Mal 20 Minuten pro Woche konzentriertes Wahrnehmen und Behandlung zuhause kann für unsere Hunde ihre Welt verändern.

Und eine „motokynogogische" (s. S. 14) Behandlung ist kein Hexenwerk, sondern eine Essenz aus Osteopathie, Physiotherapie, Grundkenntnissen der Psychodynamik und der Bereitschaft zur Resonanz für den eigenen Hund.

Viele Hunde sind so aufgeregt, angespannt oder gestresst, wenn sie zur Behandlung zu einem Physiotherapeuten oder Osteopathen gebracht werden, dass die Wirksamkeit der Behandlung nach kurzer Zeit bereits verflogen ist oder gar nicht erst entsteht.

Der durch seinen Halter an körperliche Behandlungen im heimischen Umfeld gewöhnte Hund wird sich in der Praxis zum einen weniger unwohl fühlen und die Ergebnisse einer Behandlung können zum anderen durch die Anwendungen zuhause unterstützt werden.

Physiotherapeut und Tierarzt orientieren sich vordergründig an den medizinischen Untersuchungsergebnissen, die durch bildgebende Verfahren und Diagnostik entstehen. Seltener werden psychische oder psychodynamische Prozesse in die Anamnese aufgenommen.

Gute Tier-Osteopathen behandeln ihre tierischen Patienten mit einem erheblichen Einfühlungsvermögen und Resonanz und auf Grundlage von medizinischer Diagnostik und Beobachtung unter Einbeziehung der Berichte des Tierhalters. Dabei wird auch das Verhalten des Hundes berücksichtigt.

Nur wenn ein Individuum, egal ob Mensch oder Hund, sich selbst wahrnimmt, spürt, fühlt und ausdrücken kann, wird der Kontakt zum Rest der Welt harmonisch, stressfrei und erfüllt verlaufen können. Was liegt also näher, als die Selbstwahrnehmung unserer Hunde zu betrachten und zu versuchen zu verstehen, wie sie die Welt erleben, wie sie sich darin spüren und in Verbindung zu ihrer Umwelt setzen. Das kann uns ermöglichen, es unseren Hunden in ihrem Leben an unserer Seite leichter zu machen.

Dieses Buch soll jeden Hundehalter dazu ermutigen, mehr für den geliebten Hund zu tun, als es vielleicht bei einem Termin in einer Praxis pro Woche möglich ist.

Lassen Sie uns gemeinsam beginnen.

Einführung

Dieses Buch setzt sich aus drei Teilen zusammen. Im ersten Teil erläutere ich, „worum es geht". Mögliche Entwicklungsstörungen der Hunde durch frühe traumatische Erfahrungen, Psychomotorik, Emotionen, unterschiedliche psychische Störungsbilder und die ganz alltägliche Erlebniswelt der Hunde in unserer menschlichen Umwelt sind hier die Themen.

Im zweiten Teil beschäftigen wir uns dann mit der Diagnostik. Hier werden einige wesentliche anatomische Zusammenhänge dargestellt und Motorik, Sensorik und andere Grundlagen zum allgemeinen Verständnis von Bewegung erläutert. Anhand von Tabellen stelle ich mögliche Tests zur Erfassung der motokynogogischen Verhaltensweisen des Hundes und deren Auswertung vor.

Im dritten Teil beschäftigen wir uns dann mit der möglichen Behandlung bzw. dem Training der Hunde zuhause.

Konvergenz oder die Vergleichbarkeit der Arten

René Descartes (1596–1650) bezeichnete Tiere als Automaten, die weder Gefühle noch eine Seele hätten. Ihre Schreie seien nichts anderes als das Quietschen eines Rades. Diese Auffassung wird heute glücklicherweise nicht mehr geteilt. Dennoch gibt es keine einheitliche wissenschaftliche Meinung zur Gefühlsfähigkeit bzw. der Intensität und Vergleichbarkeit von Gefühlen von Mensch und Hund.

Werden Hunden jedoch nicht die gleichen emotionalen Zustände wie uns Menschen zugestanden, so werden ihnen auch die möglichen Störungen in Bezug auf dieses Gefühlsleben abgesprochen. Das bedeutet, dass Angststörungen, Traumafolgestörungen und stressbedingte Erkrankungen bei Hunden nicht angemessen behandelt werden.

Es ist jedoch zunehmend zu beobachten, dass Erkenntnisse aus der Neurobiologie auf Hunde angewendet werden. Neurobiologisch sind Gefühle und deren Auswirkungen auf den Organismus zum Beispiel durch MRT nachweisbar *(Adam Miklosi, 2021).*

Die Parallelen zwischen Mensch und Hund lassen sich durch die Vergleichbarkeit der Gehirnaktivitäten beim Menschen (durch MRT nachgewiesen) und Mäusen (durch Elektrostimulation der verschiedenen Gehirnareale im Tierversuch) rückschließen: Was bei Mensch und Maus gleich angelegt ist, ist auch beim Hund anzunehmen.

Neurotransmitter und Hormone wie Adrenalin, Serotonin, Dopamin, Oxytocin und Noradrenalin finden sich bei Mensch, Maus und Hund. Die Produktion und der Abbau von Cortisol und andere für die Entstehung von Gefühlen wichtige Prozesse sind ebenso beim Hund wie beim Menschen nachweisbar.

Da also offensichtlich alle Voraussetzungen zur Entstehung von Gefühlen beim Hund gegeben sind, muss man auch annehmen, dass eine Störung dieser Affekte vorliegen kann. Insbesondere deshalb, da auch die Lebenskontexte von Mensch und Hund vergleichbar sind: Mensch und Hund leben in einem sozialen Familiensystem, interagieren und kommunizieren, handeln planvoll und zeigen Gruppendienliches Verhalten (Sozialverhalten). Diese komplexen Strukturen ermöglichen den Hunden eine optimale Anpassung an ihre Lebensverhältnisse, dennoch überfordert unser menschlicher Alltag viele Hunde und ihre Beziehungsfähigkeit macht sie emotional verletzlich.

Die im Folgenden beschriebenen Vergleiche oder Ableitungen von Mensch zu Hund gehen von der Grundlage dieser Konvergenz, also der Vergleichbarkeit der Arten, aus. Diese Art des Vergleiches wurde bereits in Bezug auf die unterschiedlichen Lerntheorien (siehe zum Beispiel „Pawlowscher Hund" > klassische Konditionierung etc.) zu Beginn des 20. Jahrhunderts angewendet, auch wenn zu diesem Zeitpunkt weit weniger über die Funktionsweise von Säugetiergehirnen bekannt war, als dies heute der Fall ist. Diverse Theorien über das Lernverhalten von Menschen wurden seit jeher von Tauben, Ratten, Mäusen und eben Hunden abgeleitet.

Beobachten, Zuhören, Hineinfühlen

Am Anfang steht die Beobachtung: Menschen erkennen, dass ihr Hund angespannt ist, bemerken, dass sich sein Verhalten trotz Training und Übung nicht ändert, fragen sich, ob sie etwas nicht verstehen oder übersehen. Oder ich bemerke in der Beratung oder einem Coaching-Prozess, dass ein Hund sich ungleichmäßig bewegt, unter Spannung steht, Gliedmaßen entlastet, also motorisch kompensiert. Hundehalter berichten, dass ihr Hund in bestimmten Situationen nicht ansprechbar erscheint und situativ abhängig nicht auf Signale und Kommandos reagiert.

Daran schließt sich ein diagnostischer Prozess an, der mit dem gezielten Beobachten von Bewegungsabläufen beginnt und sich mit einem Abtasten des Hundes fortsetzt.

Denn seelische Spannung bewirkt körperliche, spürbare Verspannung. Selbstverständlich ersetzen eine fundierte Beobachtung und das Abtasten nicht eine medizinische Diagnostik mit bildgebenden Verfahren et cetera. Am Anfang steht jedoch die aufmerksame Wahrnehmung körperlicher Auffälligkeiten, die den Hundehaltern manchmal nicht möglich ist, da sie ihren Hund täglich sehen und Veränderungen eventuell nicht bemerken.

Muskeln und Faszien, aber auch Organe können anspannen. Oft geschieht dies unwillkürlich, unbemerkt und auf Dauer entstehen manifeste Veränderungen in Körper, Seele und Geist. Darum versuche ich gemeinsam mit dem Hundehalter zu ergründen, was den Hund bewegt bzw. ihn sich nicht oder nur eingeschränkt bewegen lässt.

Stress, Schmerzen, vorangegangene Traumata seelischer oder körperlicher Natur, die ungefilterte Spiegelung menschlicher Gefühle wie Wut, Trauer oder Verzweiflung, körperliche Einschränkungen, aber auch hormonelle Ursachen, zum Beispiel durch eine unerkannte Schilddrüsenunterfunktion, kommen als Ursache für motorische Kompensation in Frage. Die motorische Kompensation entsteht zum Beispiel durch erhöhte oder herabgesetzte Körperspannung während der motorischen Entwicklung (frühe Traumata) und in akut belastenden Situationen. Auch das dauerhafte oder länger anhaltende Vermeiden von Schmerzen (Schonhaltung führt zu Dysfunktionalität) oder die durch seelische Anspannung verursachte Spannung in der Haltemuskulatur (tonische Muskulatur) beeinflusst die Motorik.

Haben wir die Ursachen identifiziert, können wir mit der Behandlung beginnen.

Das können motorische Übungen für den Alltag, Massagen, verhaltenstherapeutische Maßnahmen, Coachings für den Menschen, notwendige medizinische Behandlung, Physiotherapie oder Osteopathie sein. Aber vor allem sind das Einfühlungsvermögen, die Aufmerksamkeit und Responsivität des Menschen für den Hund gefragt.

Was bewegt Ihren Hund? – MotoKynogogik®

Das Wort MotoKynogogik® setzt sich aus Motion (Bewegung), Kynos (gr. des Hundes) und Agogik (gr. Anleitung, Begleitung) zusammen. Ich habe dies aus dem Fachbereich der Motopädagogik abgeleitet.

Wir verwenden ganz selbstverständlich Formulierungen wie „die Last wird mir zu schwer", „in die Knie gehen", „gramgebeugt", „alles zieht sich zusammen", „Herzschmerz", „herzzerreißend", „es nimmt mir den Atem", „schweigendes Entsetzen", „lass mal locker!", „mach dich mal gerade!" et cetera. Diese Formulierungen beschreiben die enge Verknüpfung von körperlichen und seelischen Empfindungen.

„Über diese Brücke gehe ich nicht", „unüberwindliche Hindernisse", „ergreif die Chance" oder „lass mich bitte nicht fallen" und so weiter drücken die Verbindung von Bewegung, Handlung und inneren Zuständen, Hoffnungen, Ängsten und Befürchtungen aus.

Und unsere Sprache stellt auch eine körper-seelische Verknüpfung in Verbindung zu unseren Hunden her: „Er sieht aus wie ein begossener Pudel", „Kneif nicht immer den Schwanz ein", „Dackelblick", „hinterherdackeln" oder „jemanden anpinkeln" sind der Hundehaltung entlehnte Formulierungen, die uns sofort über emotionale Zustände oder Motive hinter einer Handlung oder Bewegung aufklären. Sie hinterlassen ein Bild in uns, das wir eindeutig Gefühlen zuordnen können.

Auch bei Hunden gibt es einen Zusammenhang zwischen Körper, Seele und Geist. Anders als wir Menschen können Hunde uns jedoch keine sprachliche Auskunft über ihre seelischen und körperlichen Zustände geben.

Mittels beobachtender und sensorischer (fühlender) Diagnostik in bestimmten vorgegebenen Bewegungsabläufen und im Ruhezustand können wir den psychischen und körperlichen Zustand des Hundes in Bezug auf psychodynamische Zusammenhänge erschließen.

So kann es zum Beispiel sein, dass ein Hund aufgrund eines Geburtstraumas wie einem Kaiserschnitt eine wenig entwickelte Selbstwahrnehmung hat und seine Gefühle nur wenig oder sehr heftig über Bewegung ausdrücken kann. Die Folge davon können eine schlechte Reizverarbeitung, körperliche Hyper- oder Hyposensibilität, Nervosität, Ängstlichkeit etc. sein.

Die Diagnostik, Behandlung und motorische Förderung unserer Hunde sowie das Verständnis für die Zusammenhänge zwischen Seele, Körper und Geist und daraus resultierend der Umgang mit auftretenden Schwierigkeiten im Zusammenwirken dieser drei Teile des Systems Hund ist die Zielsetzung der MotoKynogogik®.

Dabei sind die wesentlichen Werkzeuge der Diagnostik die gezielte Beobachtung von Bewegungsabläufen, die manuelle sensorische Wahrnehmung von Spannungszuständen in der Muskulatur und den Faszien sowie die Resonanzfähigkeit des Menschen. Resonanz bedeutet in diesem Fall, sich ganz auf den Hund einzustimmen, ihn unabhängig von Erziehung, Erwartungen und Erscheinung wahrzunehmen und seine Stimmungen nachzufühlen, um ihn vollständig wahrzunehmen.

Ein wesentlicher Unterschied zum Physiotraining besteht darin, dass auch die seelischen Spannungen und Gefühle der Hunde erfasst werden. Zudem dürfen die emotionalen Spannungen der Hunde Ausdruck finden (aktiver Spannungsabbau), damit auch dieser Ursprung von körperlicher Spannung aufgelöst werden kann (Psychodynamik).

Merke!

MotoKynogogik® beobachtet und berücksichtigt nicht nur die Bewegungsabläufe, sondern auch die seelischen Spannungen und Gefühle.

Der junge Doggenrüde P überwindet seine anfängliche Skepsis und lässt sich freiwillig behandeln.

Teil 1
Die Kraft der Psyche

In den folgenden Kapiteln beschäftigen wir uns mit den Grundlagen von psychischem Erleben, Motorik, Sensorik und dem Zusammenwirken von Psyche und Körper. Das Verständnis für die Zusammenhänge zwischen dem individuellen Erleben einer (Hunde-) Person und den spürbaren Auswirkungen dieses Erlebens stellen die Grundlage der Diagnostik dar. Es geht nicht darum, eine notwendige, gute physiotherapeutische oder osteopathische Behandlung oder gar medizinische Diagnostik zu ersetzen, sondern darum, diese zu ergänzen. Die engste Bezugsperson eines Hundes kennt diesen am besten, genießt das meiste Vertrauen der Hunde und diese können sich ihrem Menschen entspannt gegenüber verhalten. Die Zusammenhänge zwischen seelischer, geistiger und körperlicher Spannung sind am ehesten zu erfassen, wenn der Hund sich „ganz normal", also wie immer verhält.

Und das tut er normalerweise zuhause, in seinem gewohnten Umfeld.

Daher planen wir unsere Beobachtungen auch in unserem Zuhause, im Garten, genau dort wo unser Hund sich wohl- und vor allem sicher fühlt.

Oft bekomme ich geschildert, dass Hunde, die zuhause kaum noch kriechen können beim Tierarzt alle vorhandenen Zähne zusammenbeißen und kein Leid erkennen lassen. Die Angst vor dem Tierarzt lässt sie so gut es irgendwie geht alle Anzeichen körperlicher Versehrtheit verbergen und sie erscheinen kerngesund.

Daher stellt die Unterstützung durch den eigenen Menschen oder den eventuell aus der Hundeschule bekannten Coach für MotoKynogogik® eine gute Möglichkeit der Ergänzung einer Behandlung und Diagnostik dar.

Merke!

Es geht nicht darum, eine physiotherapeutische oder osteopathische Behandlung oder gar medizinische Diagnostik zu ersetzen, sondern darum, sie zu ergänzen.

1. Entwicklungsphasen des Hundes

Beschäftigen wir uns nun erst einmal mit der Entwicklung unserer Hunde. Bereits die allerersten Erfahrungen im Leben beeinflussen das psychische und körperliche Empfinden unserer Hunde. Ein Hund hat zwar eine größere Begabung im Moment zu leben als die allermeisten Menschen, dennoch wird seine psychische und körperliche Gesundheit sehr stark von frühesten Erfahrungen beeinflusst, die sich aufgrund der Tatsache, dass noch keine Resilienz entwickelt werden konnte, keine positiven Erfahrungen einer schlechten entgegengesetzt werden können, sehr stark auf das gesamte Hundeleben auswirken können.

Geburt: Das große Wunder oder die erste Hürde

Säugetiere entwickeln sich in der Gebärmutter bis zu ihrem Geburtstermin zu unterschiedlichen Stadien. Hundewelpen werden nach circa 63 Tagen geboren und kommen blind und taub zur Welt, sehen aus wie zauberhafte Mini-Meerschweinchen und sind komplett abhängig von ihrer Mutter. Erst zwischen dem 10. und 16. Lebenstag öffnen sich die Augen und Ohren.

Finegan

Schafe kommen viel weiter entwickelt auf die Welt und können schon nach kürzester Zeit auf wackeligen Beinen stehen. Die Tragzeit liegt bei etwa 150 Tagen. Grasfresser als potenzielle Beutetiere für Beutegreifer wie Hunde, Wölfe, Füchse, Katzen und Greifvögel müssen von Beginn an fluchtbereit sein. Dennoch sind auch Lämmer zuerst vollkommen abhängig von ihren Müttern und brauchen diese zum Überleben. Die ersten Momente ihres Lebens verbringen Grasfresser wie Schafe damit, ihre Mutter kennenzulernen, ihre Stimme zu identifizieren und ihren Geruch zu speichern, um ihre

Mütter in einer Herde wiederzufinden und von ihr als eigener Nachwuchs anerkannt zu werden.

Der erste Moment, das Ankommen in der hellen, kalten und somit bedrohlichen Welt ist ein entscheidender Augenblick im Leben jedes Säugetieres: Nur wenn die Mutter sich kümmert, da ist, Zuwendung spendet, für Nahrung und Wärme sorgt, fühlt sich das Neugeborene willkommen und sicher.

Ist der erste Moment eines Hundes überschattet durch Geburtskomplikationen, eine überforderte oder kranke Mutter oder ungünstige Rahmenbedingungen beim Züchter, dann wird der erste Moment zum Schatten, der sich auf die Seele legt.

Da zum Zeitpunkt der Geburt noch keine positiven anderen Erfahrungen dieser einen großen, defizitären Erfahrung gegenüberstehen, es noch keine rationalen Verarbeitungskompetenzen bei einem Neugeborenen geben kann, bleibt diese Erfahrung als unreflektierter Schrecken bestehen.

Auch uns Menschen beeinflussen diese allerersten Lebenserfahrungen, obwohl wir uns nicht bewusst daran erinnern können. Immer wieder erlebe ich im Coaching Menschen, die bei ihrer Geburt ein Bindungs-Trauma erfahren haben, zum Beispiel, weil sie nach der Geburt zur Adoption freigegeben wurden und in den ersten Monaten keine liebende Bezugsperson um sich hatten. Obwohl sie dies wissen und rational begreifen, können sie das mangelnde Urvertrauen, dieses erste Defizit, nicht überwinden. Gefühle von Einsamkeit, Selbstzweifeln oder Ablehnung bleiben.

Wie soll es dann unseren Hunden gelingen, ohne unsere im Laufe des Lebens hoffentlich erworbenen rationalen Fähigkeiten, diese ersten Erfahrungen zu bearbeiten und zu überwinden? Sie bleiben im Unterbewusstsein bestehen, sind somit nicht vom Verstand zu erfassen.

Auf der einen Seite ist die psychische Erfahrung des ersten Momentes auf dieser Welt von wesentlicher Bedeutung. Hinzu kommt aber auch noch das körperliche Erleben. Durch das Trockenlecken des Welpen stimuliert die Mutter die Hautnerven des Neugeborenen, eine erste Wahrnehmung der eigenen „Außenhülle" entsteht.

Wir erleben es häufig, dass unsere erstgebärenden Auen (Schafe) etwas überfordert sind, wenn sie zwei Lämmer bekommen. Dann legen wir das zweite Lamm auf das erste, damit die Mutter auch das zweite trockenleckt. Wenn das nicht funktioniert, reiben wir das kleine Lamm selbst trocken, ganz in der Nähe der Mutter, damit es gut ins Leben kommt, sich selbst spüren und in seinem Körper ankommen kann.

Schafe machen ganz bestimmte, sehr individuelle Mähgeräusche, die ihre Lämmer sofort erlernen und anhand derer sie ihre Mütter wiederfinden. Später kommt das laute, individuelle „Mäh" dazu.

Hundewelpen nehmen zuallererst den Geruch der Mutter und die fürsorgliche Berührung wahr. Zwischen den einzelnen Geburten der Wurfgeschwister liegt normalerweise Zeit genug, damit die Hundemama einen Welpen abnabeln und versorgen kann. Das ist ein erstes Kennenlernen und für den Welpen entsteht ein Gefühl des „Aufgehobenseins", angenommen zu werden und körperlich versorgt zu werden mit Wärme und Milch. Diese erste Prägung ist essenziell für das Urvertrauen des kleinen Welpen. Es ist sicher gut vorstellbar, was es in der Psyche und der Körperwahrnehmung des kleinen Hundes bewirkt,

wenn die Mutter überfordert, hektisch und ängstlich ist oder sogar ganz in den ersten Momenten fehlt.

Der allererste Kontakt, den Säugetiere auf dieser Welt haben, sollte also ein liebevolles Kennenlernen der eigenen Mutter sein.

Aber auch während der Geburt kann sich ein prägender Schrecken für das kleine Leben ergeben. Im Geburtskanal stecken zu bleiben oder ohne Geburtsvorgang per Kaiserschnitt zur Welt zu kommen ist traumatisierend und wirkt sich massiv auf die Selbstwahrnehmung und somit auf die Kontaktfähigkeit zur Umwelt aus.

Welpen, die im Geburtskanal für einen längeren Zeitraum feststeckten, werden ohne Hilfestellung durch den Menschen zu erwachsenen Hunden, die Probleme mit Begrenzung haben, die es schwer haben, Frustrationstoleranz zu erlernen und die zu extremen Gefühlslagen neigen – haben sie doch in einer schier ausweglosen Situation festgesteckt und Todesangst erlebt. Das ist ein existentielles Trauma, an dem keiner die Schuld trägt.

Bei einer Kaiserschnittgeburt wird durch die fehlende Passage durch den Geburtskanal die Körperwahrnehmung nicht ausreichend „angeschaltet“, eventuell sind die Welpen auch noch gar nicht in „Geburtslaune“, sondern wären noch gern ein Weilchen in ihrem paradiesischen Gebärmutterhörnchen geblieben. Selbstverständlich gibt es medizinische Notlagen, die einen Kaiserschnitt erforderlich machen und dennoch sollten sich Züchter der Folgen insofern bewusst sein.

Es lässt sich vermuten, dass der vorgeburtliche (pränatale) Verlust von Geschwistern für Hunde zumindest ein körperliches Trauma darstellt. Der somatische Stress der Mutter durch die Totgeburt und die psychische Belastung der Mutter wirken chemisch durch Stresshormone auf die überlebenden Welpen.

Eine gestresste Hundemutter gibt durch den gemeinsamen Stoffwechsel die Stresshormone an die ungeborenen Welpen weiter.

Ich erinnere mich an die Riesenschnauzer-Hündin einer Kundin, deren Mutter noch während der Tragzeit im Schutzdienst geführt wurde und an Wettbewerben teilnahm, die sich extrem leicht aufregte und schnell „die Fassung verlor". Selbst wenn ihr der Sport Spaß gemacht haben sollte, hat sie doch eine Menge Aufregung währenddessen erlebt, was sich wohl auf die Welpen ausgewirkt hat.

Auch die Enge in der Gebärmutter durch eine sehr große Anzahl von Welpen kann unbewusst zu Abwehrverhalten bei Begrenzung, Berührung und Körperkontakt im späteren Leben führen.

Wir können leider nicht alles verhindern, nicht jeder Katastrophe vorbeugen und jede noch so gute Planung kann schicksalshaft durchkreuzt werden, aber wir können versuchen, zu verstehen, wie es den Hunden damit ergeht.

Es ist möglich, durch Förderung der Selbstwahrnehmung, durch Abbau von Spannungen und durch das Ausleben von unterdrückten Emotionen diese frühesten Erlebnisse zumindest zu einem Teil zu integrieren und zu verarbeiten.

Merke!

Eine gestresste Hundemutter gibt durch den gemeinsamen Stoffwechsel die Stresshormone an die ungeborenen Welpen weiter.

Matti

Matti, der Cattledog

Matti ist ein Australian Cattledog Rüde, der seine Besitzerin mit plötzlichen Beißattacken sehr gefordert hat.

Sobald Matti eine reizstarke Situation erlebte, insbesondere die Begegnung mit anderen Hunden, explodierte er förmlich und schnappte, vollkommen außer sich, um sich und erwischte dabei häufig seine Hundehalterin, die daraufhin unter anderem den Kindern den Kontakt und insbesondere das Rausgehen mit Matti strikt untersagen musste.

Es ist Mattis Glück, dass er bei einer derart geduldigen und sachverständigen Person gelandet ist, die schnell erkannt hat, dass seine Entwicklung und Problematik nichts mit Erziehung oder Verhaltensschulung zu tun haben konnte!

Matti ist bei der Geburt im Geburtskanal stecken geblieben und nach einer größeren Lücke zu seinen Geschwistern in grünem Fruchtwasser geboren worden. Das bedeutet, dass er zu lange nicht auf die Welt konnte und das Fruchtwasser bereits Keime entwickelt hatte, die ihn zu vergiften drohten. Also hat er auf der einen Seite in einem beengten Tunnel festgesteckt, konnte weder vor noch zurück, zum anderen wurde die Versorgung mit Luft knapp und in der Gebärmutter, seiner Schutzhülle, herrschte zum Zeitpunkt der Geburt ein entzündliches Niveau, das ihn hätte vergiften können. Es kann wohl kaum ein größerer Alarmzustand in einem Körper ausgelöst werden, der sich immer wieder in jeder überfordernden Situation als abwehrende Panikreaktion manifestiert hat.

Für Matti war es ein Problem, gehalten zu werden, Begrenzung zu erfahren (steckenzubleiben!), nicht handeln zu können, nicht wegzukönnen (z.B an der Leine) und es war eine unglaubliche Herausforderung, sein Vertrauen zu gewinnen und ihn schrittweise in seiner Selbstwahrnehmung dahingehend zu fördern, dass er nicht in jeder minimalen Reizlage die „Fassung verlor".

Im Rahmen eines MotoKynogogik®-Kurses hat seine Halterin die ersten Schritte unternommen und Matti mit sich, seinem Körper, seinen Spannungen und Erfahrungen vertrauter und entspannter gemacht und arbeitet seitdem kontinuierlich weiter daran.

Mattis Erfahrungen, die sich seiner rationalen Erinnerung aufgrund seines Alters zum Zeitpunkt des Traumas entziehen, können nicht gelöscht werden, sondern die Auswirkungen auf sein gesamtes Erleben, die Reizverarbeitung und Selbstwahrnehmung kann nur gemildert werden.

Heinerle

Heinerle ist ein Golden Retriever, den ich mit einem halben Jahr bei einem Moto-Kynogogik®-Seminar kennen gelernt habe.

Heinerle hat einen sehr starken Nystagmus (Augenzittern) und ein Anfallsleiden. Beides kann die Folge von Sauerstoffmangel während der Geburt gewesen sein und er hat zu keinem bewussten Zeitpunkt seine Umwelt „normal" wahrnehmen können. Er kennt also die Welt nur in zitternden Bildern.

Wenn Heinerle aus dem Schlaf erwachte, hat er um sich geschnappt und alles, was er dabei zwischen die Zähne bekam, erst einmal festgehalten, ohne dass er dies willentlich beeinflussen konnte. Daher war es immer unglaublich wichtig, wo Heinerle einschlief. Während des Essens unter dem Tisch konnte fatale Folgen für die Menschen, die am Tisch saßen, haben.

Als ich Heinerle kennenlernte, konnte er aufgrund seines Nystagmus nicht geradeaus laufen, weil er mit seinen Augen nichts fixieren konnte, sich visuell im Raum nicht „festhalten" konnte. Er konnte auch nichts mit dem Maul greifen oder apportieren, da es für das Zugreifen eine Auge-Maul-Koordination braucht, die er nicht bewerkstelligen konnte. Dennoch war (und ist!) Heinerle ein sehr freundlicher, fröhlicher Hund.

Heinerle auf den kontrastierenden Matten

Seine Besitzerin hat dann im Rahmen des Seminars damit begonnen, ihn über farbige Matten, die wir wie auf einem Schachbrett ausgelegt haben (schwarz/weiß im Wechsel) an der Leine geführt gehen zu lassen, um sein räumliches Sehen zu trainieren.

Allein schon durch dieses Angebot der Gestaltung des Bodens durch Farbkontraste konnte Heinerle noch während des Seminars mit dem Maul erstmalig nach Spielzeugen greifen und diese erkunden. Das war für ihn ein großer Schritt, da er nun imstande war, mit seiner Umwelt bewusste Erfahrungen zu machen, die seine Gehirnentwicklung sehr positiv beeinflussten.

Bei einem Seminar (sechs Monate später) konnte Heinerle rund um eine der Matten, an der er sich orientieren konnte, mit einem sehr freundlichen jungen Ridgeback-Rüden das erste Mal mit einem Hund spielen.

Heinerle erprobt einen Fetzfilz auf den Puzzlematten.

Diesen Augenblick werde ich wahrscheinlich nie vergessen und ich bewahre dieses Video bis heute auf!

Manchmal braucht es nur kleine Impulse für die Hunde und flexible, liebende Menschen, die bereit sind, diese Impulse umzusetzen, um für die Hunde so viel mehr Lebensqualität zu gewährleisten, Entwicklung anzustoßen und individuelles Wachstum möglich zu machen.

Heinerle und Matti haben das große Glück, dass ihre Menschen dies für sie möglich machen.

Die ersten vier Wochen: Der Himmel auf Erden oder die große Abhängigkeit

In den rund ersten vier Wochen ihres Lebens halten sich die Welpen von Caniden (Hund, Wolf, Fuchs, Schakal etc.) in einer sicheren Wurfhöhle oder bei Züchtern in einer Wurfbox auf. Sie werden von ihrer Mutter versorgt und der Rest der Familie hat nur Zutritt, wenn die Welpenmama ihren Familienmitgliedern sehr vertraut und den Kontakt zulässt.

In dieser ersten Zeit erleben die Welpen die Umwelt in der Abhängigkeit von der Stillung ihrer Bedürfnisse, ohne selbst großartig Einfluss auf ihre kleine Welt nehmen zu können.

Sind zu viele Geschwister Konkurrenten um die Milch der Mutter oder hat diese nicht genug Milch, dann erleben die Welpen ohne Zufütterung durch den Züchter bereits die erste große Not: Hunger. Hunger ist zu jedem Zeitpunkt des Lebens bedrohlich. In der frühesten Entwicklungsphase aber psychisch prägend und körperlich höchst schädlich. Die notwendige Energie für Gehirnentwicklung, Aufbau der Organe, Knochen und Muskulatur und so weiter steht nicht zur Verfügung.

Ein Chihuahua hat mit 13 Wochen rund die Hälfte seines Endgewichtes erreicht. Wird er also mit einem Gewicht von 150 Gramm geboren, wiegt er mit 13 Wochen 1380 Gramm und ist mit acht Monaten ausgewachsen mit circa 2750 Gramm. Ein Chihuahua verachtzehnfacht also etwa sein Geburtsgewicht innerhalb von acht Monaten und benötigt daher kontinuierlich gut verfügbare und gesunde Nährstoffe.

Eine Dogge hat ein durchschnittliches Geburtsgewicht von 600 Gramm und ein Endgewicht von mehr als 60 kg. Und das wäre dann eine leichte, schlanke Hündin. Rüden können problemlos mehr als 75 kg Endgewicht erreichen. Eine schlanke, leichte Dogge von 60 kg verhundertsiebenfacht also ihr Geburtsgewicht bis zum zweiten Lebensjahr.

Wir können uns nun also leicht vorstellen, wie schnell es geht, dass ein Saugwelpe, der nicht genug Milch bekommt, in eine Notlage kommt, die er zwar körperlich und seelisch spürt, aber überhaupt nicht verstehen und noch weniger beeinflussen kann.

Wir verstehen auch, dass aus so einem Welpen leicht ein Hund werden kann, der ein übermäßiges Fressverhalten (nimmersatt), eine Futteraggression („ich teile nicht!") oder sogar ein gestörtes Fressverhalten (alles, was essbar erscheint, wird gefressen – inklusive Kerzenwachs etc.) entwickelt.

Dabei ist Hilfe möglich: Von Beginn an kann mit Ziegenmilch zugefüttert werden und rechtzeitig mit wertvoller Nahrung (eine Proteinquelle, ein Gemüse, püriert, siehe Empfehlungen von Swanie Simon, Nadine Wolf oder Dr. Jutta Ziegler) so ergänzt werden, dass jeder Welpe satt und somit zufrieden ist und sich nicht in Not fühlt.

Selbstverständlich sollten die Welpen dabei kein Übergewicht bekommen, das sie in ihrer Bewegungsfähigkeit einschränkt und das Wachstum der Knochen beeinträchtigt. Auch ein für seine Rasse träger, weil zu dicker Welpe, kann sich nicht gut entwickeln und macht defizitäre Erfahrungen. Dabei unterscheiden sich die Hunderassen (oder ihre Mischlinge) erheblich in der körperlichen Entwicklung: Ein Mastiff-Welpe wird sich mit vier Wochen deutlich weniger bewegen als ein Kelpie-Welpe.

Zufriedene Welpen

Neben der (Zu-)Fütterung des Wurfes ist aber auch eine weitere körperliche Versorgung der Welpen notwendig:

Obwohl ein Welpe in den ersten 10 – 16 Tagen nach der Geburt nicht richtig sehen und hören kann, ist er bereits sehr aktiv. Die Suche nach Nahrung und Wärme lässt die Neugeborenen aktiv ihre Umgebung erfahren. Das Trockenlecken durch die Hunde-Mami, das Ankuscheln und Schlafen in der Geborgenheit der Wurfkiste, in sensorischem Kontakt mit den Geschwistern und Mama und die Erfahrung des liebevollen „Aufgehobenseins" lässt einen Welpen die eigene Abhängigkeit nicht empfinden.

Erst wenn die Bewegungen, die Handlungen, das Suchen nach Wärme und Geborgenheit, nach Nahrung und Fürsorge des Welpen nicht erwidert werden, seine Bemühungen nicht von Erfolg gekrönt sind, erfährt er sich als hilflos.

Eine solche Hilflosigkeit schafft Abhängigkeit und aus dem Gefühl der Abhängigkeit und der nicht erfüllten Bedürfnisse entstehen Angst, Frustration, Wut und Verzweiflung. Gefühle, die eine Grundstimmung für das Leben prägen können.

Die Hundemama versorgt die Welpen rundum, wenn sie entspannt und erfahren genug ist oder wenn sie ausreichend Unterstützung durch menschliche Hilfe erfährt. Durch die Berührung und körperliche Fürsorge wird beim Welpen das sogenannte Bindungshormon Oxytocin ausgeschüttet, das im Welpengehirn stressmildernd und somit lernfördernd wirkt.

Ein körperlich und / oder seelisch gestresster Hund hat einen beschleunigten Stoffwechsel und das ausgeschüttete Cortisol behindert die Lern- und Wachstumsprozesse.

Das bedeutet, dass eine gestresste Hundemama auch gestresste und somit lern- und wachstumsbeeinträchtigte Hundewelpen großzieht. Auf der einen Seite wird sie sich nicht so entspannt und fürsorglich um ihre Welpen kümmern können, auf der anderen Seite gibt sie ihre eigenen Stresshormone über die Milch an ihre Welpen weiter.

Sogar der Stresslevel der Mutter während der Tragzeit beeinflusst die Welpen, weil sie sich einen Stoffwechsel mit der Mutter teilen.

Selbstverständlich kann man nicht jeden Stress im Leben von Hunden und Menschen verhindern. So ein Leben wäre nicht nur langweilig, sondern ohne Reize braucht ein Lebewesen auch keinerlei Verhaltensvariationen oder Strategien zu entwickeln und zu lernen. Es ist normal, dass Welpen untereinander Konflikte haben oder die Hundemutter die Welpen korrigiert, zum Beispiel mit der Schnauze stupst, wenn sie sich zu wild aufführen oder sie mit den wachsenden Zähnchen beim Trinken beißen.

Es schadet jedoch einem Welpen, wenn er oder sie immer der Unterlegene in einem Kontakt ist, immer der Schwächere, immer der „Underdog". Daraus wird sicher nur im Ausnahmefall ein entspannter und souveräner Hund.

Zu wenig oder zu viel von allem hinterlässt Spuren. Sichtbar in der Motorik, spürbar in der Körperspannung, erfahrbar in der Reizverarbeitung des Welpen und später des erwachsenen Hundes.

Je größer und/oder langanhaltender eine Defiziterfahrung für den Welpen ist, desto manifester ist das daraus resultierende Missverhältnis von Spannung und Entspannung auf geistiger, körperlicher und seelischer Ebene.

Züchter und Hundehalter, deren Hündin einen Wurf bekommt, können noch so gut und sorgfältig für den Wurf planen, eine entspannte, liebevolle zukünftige Hundemutter und einen souveränen Vater aussuchen; vor Schicksalsschlägen ist niemand gefeit. Ein unerwarteter Kaiserschnitt, zu früh geborene Welpen, eine Hündin, die keine Milch für ihren Nachwuchs hat, krank wird oder trotz Vorerfahrung überfordert ist, da der Wurf zu groß ist, ist nicht planbar.

Dann sind wir Menschen als Unterstützer gefragt und können versuchen, durch Behandlung (mit den Händen) die sanften Impulse, das „Aufgehobensein", das Sich-spüren durch Berührung von außen, das „Gehaltenwerden" in dem Moment, in dem die Hunde-Mama dies nicht geben kann, zu übernehmen. Dennoch ist keine Mama so gut wie die eigene Hundemutter.

Bei einer gestressten, überforderten, kranken oder unglücklichen Hundemutter ist der Züchter als ausgleichender Part gefragt und gefordert, die Krawallmäuse auseinanderzunehmen, wenn gemobbt wird. Die schwächeren Welpen zur Mama zu bringen, damit sie ausreichend trinken können und sie liebevoll mit Körperkontakt zu umsorgen.

Die ersten Erfahrungen sind somit resilienzbildend (Widerstandsfähigkeit gegen Stress, Trauma etc.) für das ganze Leben eines Hundes. Wir erahnen, welche große Verantwortung Züchtern zukommt in Bezug auf die Auswahl der Elterntiere, das eigene Engagement rund um den Wurf und die eigene Aus- und Fortbildung rund um das Thema Welpenaufzucht.

Doch manchmal wird das Defizit für die Welpen durch einen Züchter gar nicht bemerkt oder ein Hund wird auf der Straße oder im Tierheim unter unglücklichen Umständen geboren oder erfährt nach liebevollem „Aufgehobensein" ein Trauma, verliert Mama, Geschwister oder liebende Menschen: dann können wir nur versuchen nachzuholen, was gefehlt hat.

Ava

Ava mit vier Monaten

Ava ist unsere Kelpie-Hündin, unsere schwarze Perle, unser kleiner Drachen und unser Fellkind. Sie ist einerseits verschmust, äußerst sensibel, intelligent, mitfühlend und ein absoluter Teamplayer. Aber sie kann auch sehr garstig und eifersüchtig sein, ist oft ängstlich und manchmal ungerecht. Ava saugt jeden Reiz aus ihrer Umgebung wie ein Schwamm auf und kann sich dagegen nicht abgrenzen. Das gilt auch für emotionale Stimmungen und Geräusche aus der Umgebung. Avas Mama heißt Pepper und macht diesem Namen alle Ehre. Pepper hat die Würfe nach Ava hingebungsvoll umsorgt, war eine sehr gute Hundemama und hat ihren Welpen sicher einiges von ihrem Temperament mitgegeben. Als Avas Wurf auf die Welt kam, versank aber ein großer Teil Deutschlands in wochenlangem Regen. Das Haus der Züchterin wurde massiv durch die Wassermassen beschädigt, ebenso die umgebenden Wirtschaftsgebäude.

In dieser angespannten Zeit, die keiner voraussehen konnte, war auch Mama Pepper sehr angespannt und hat mehrfach sehr ablehnend auf die Welpen reagiert. Sie hat ihnen das Futter (Leckerchen) weggefressen, hat ab der Mitte der dritten Lebenswoche nicht mehr gesäugt und hat ihre Welpen so gemaßregelt, dass Ava einen ordentlichen Schmiss auf der Stirn hatte. Ava war die erste, die aus dem die Wurfkiste umgebenden Gehege herauskletterte und bahnte sich ganz vorneweg den Weg in den Hof. Ihre Geschwister begannen erst zu fressen, als Ava nach einem kurzen Ausflug mit uns wieder bei ihren Geschwistern war. Ihr fehlte also die Fürsorge ihrer Mutter und sie hatte von Beginn an eine starke Persönlichkeit, die sie selbst Lösungen für ihre Probleme finden ließ und an der sich ihre Geschwister orientierten.

Ihr Bedürfnis nach unendlich viel Nähe zu ihren liebsten Menschen und ihre gnadenlose Eifersucht, wenn andere etwas bekommen, von dem sie meint, dass es ihr zustehen sollte, entstammen dieser ersten Zeit.

Die Zuwendung der Mutter, das Versorgtsein mit Nahrung und Fürsorge haben ihr ab der dritten Lebenswoche gefehlt. Obwohl wir alles dafür tun, ihr Defizit zu stillen, sie zu Toleranz zu erziehen und ihr einen sicheren Rahmen im Leben zu geben, ist sie in bestimmten Situationen ein ängstlicher Hund, ein eifersüchtiger Drachen, eine hingebungsvolle Kuschelmaus, eine sicher abrufbare Teamspielerin, einfühlsame Schafhüterin und eine nimmersatte Futtervernichterin. Wir haben viel erreicht für sie, aber wir werden trotz Fachwissens keinen entspannten Hund aus ihr machen können.

Ausnahmen bestätigen die Regel

Ja, es gibt Welpen, die trotz eines schwierigen Starts entspannte und souveräne erwachsene Hunde werden, aber in ihrer Geschichte muss es dann irgendwo den Faktor X gegeben haben, der ihnen Resilienz ermöglicht hat.

Selbstverständlich gibt es veranlagte psychische Faktoren, die es einem Individuum ermöglichen, besser mit Stress umzugehen als anderen. Das ist gemeint, wenn Zuchtverbände von „wesensfest" oder „wesensstark" sprechen. Bevor man in der zweiten Hälfte des 19. Jahrhunderts begann, Hunde für Ausstellungen auf ihre Optik hin zu selektieren und zu züchten, ordnete sich die „Form" (Aussehen, Ausprägung äußerlicher Merkmale) der „Funktion" (welche Merkmale braucht ein Hund für die Verwendung, zum Beispiel Hütehund, Herdenschutzhund, selbständig oder Team-orientiert et cetera) unter und „Wesensstärke" war je nach Verwendung der Hunderassen oder -typen maßgeblich für die Eignung der Hunde.

Der Faktor X kann also zum Teil Genetik sein, wobei auch die beste Veranlagung nicht vor den Auswirkungen existenzieller Krisen schützt.

Generell kann man sagen: Je später eine existenzielle Notlage ein Lebewesen heimsucht, desto größer ist die Wahrscheinlichkeit, dass diese Erfahrung störungsfrei verarbeitet werden kann.

Hatte der Welpe zumindest vor der Geburt eine entspannte Mutter, eine unkomplizierte Geburt und eine liebevolle Versorgung während der ersten Wochen, dann hat er eine große Chance, gut ins Leben zu starten. Selbst wenn es danach erst einmal schwierig sein sollte, weil Mama und die Welpen zum Beispiel vom Tierschutz auf der Straße eingesammelt wurden und der Welpe vermittelt wird.

Und so kann ich viele Menschen trösten, wenn sie mit ihrem Hund zu mir in ein Moto-Kynogogik® Coaching kommen, da ich ihnen sagen kann, dass nicht sie, sondern die früheste Geschichte ihres Hundes die aktuelle Symptomatik verursacht hat. Das macht es zwar für den Hund umso schwieriger, für die Menschen ist es jedoch häufig einfacher „nicht Schuld" zu sein.

Merke!

Je später eine existenzielle Notlage ein Lebewesen heimsucht, desto größer ist die Wahrscheinlichkeit, dass diese Erfahrung störungsfrei verarbeitet werden kann.

Unterschiede in Motorik, Temperament und Verhalten erkennt man schon bei sechs Wochen alten Welpen.

Neues Heim, neue Chance

Berni

Grundsätzlich braucht ein Hund eine Hundemama, und ein Welpe, der von Hand aufgezogen wird, hat es schwerer im Leben, da er weniger vom „Hundsein" versteht als ein Welpe, der mit seinen Wurfgeschwistern bei seiner Mama gestartet ist.

Einer unter vielen zu sein kann jedoch auch die Entwicklung des Einzelnen stören. Wenn es immer Konkurrenz um Nahrung, Zuwendung, Spielzeug und Aufmerksamkeit gibt, dann kann das Welpenleben sehr anstrengend sein. Die Konkurrenz in einem Wurf kann sehr groß sein, auch, wenn nicht zu viele Welpen geboren werden. Eine Hündin hat acht Zitzen, kann also acht Welpen versorgen, wobei es auch bei acht Welpen ein Gerangel um die ergiebigsten Plätze geben kann. Hat die Hundemama aber zu wenig Milch oder gibt es zu viele Welpen, dann ist die Konkurrenz der Welpen untereinander ungleich größer.

Und so kann es sein, dass ein Welpe, der im Wurf recht unauffällig war, sich wenig zugetraut hat, im neuen Zuhause richtig aufdreht. Endlich Aufmerksamkeit, endlich fast keine Konkurrenz mehr.

Jawohl: Fast. Einige Welpen sehen sogar den Menschen, der ihnen das Futter gibt, als Konkurrenten an und verteidigen ihr Futter gegen den edlen Futterspender. Auch wird eventuell vehement Aufmerksamkeit, Beschäftigung, Nähe eingefordert und der Welpe lernt schnell, dass es mit dem neuen Menschen ja ungeahnte Möglichkeiten gibt, die bisher im Leben nicht vorkamen.

Natürlich gibt es auch Welpen, die sich ganz wunderbar entfalten, wenn sie in ihrem neuen Zuhause ankommen, die zufrieden und unauffällig sind, weil sie entweder immer schon gut versorgt waren, nicht unter übermäßiger Konkurrenz gelitten haben, oder weil ihnen das, was ihnen angeboten wird, als der Himmel auf Erden erscheint.

Oder sie trauen sich einfach nicht, nach mehr zu verlangen, weil ihr Selbstbewusstsein dafür nicht ausreicht.

Dem Welpen mit der Defiziterfahrung (zu wenig Versorgung oder Fürsorge oder zu wenig Selbstbewusstsein) sollten wir mit viel Geduld begegnen.

Wenn ein Hundewelpe Sorge hat, zu wenig zu bekommen, dann lassen wir ihn in Ruhe fressen, halten Abstand und sorgen dafür, dass ganz langsam das Wissen wachsen kann, dass die Not vorüber ist. Dennoch wird dieser Hund sein Defizit niemals ganz überwinden, denn es sind die ersten prägenden Erfahrungen gewesen.

Selbstverständlich braucht auch dieser kleine Hund neben der Erfüllung seiner defizitären Sorgen uns als entschlossenen Hundehalter, der darauf besteht, das Futter und andere Ressourcen zu verwalten, damit unser Welpe weiß, dass wir ihn vor anderen Gierzähnen, die sein Futter stehlen könnten, schützen können!

Der Welpe mit dem mangelnden Selbstbewusstsein, der nicht für sich auftritt, der unauffällig im Alltag „mitläuft", hat es häufig schwerer. Er hätte im neuen Zuhause eine neue Chance, aber er kann diese nicht nutzen und seine Menschen sind vielleicht sogar begeistert, dass er so unkompliziert ist!

Er hat in der Welpengruppe vielleicht ein schuppiges Fell und häufiger Durchfall als die kleinen Krawallhunde, aber sonst macht er keine Probleme. Der Durchfall wird auf die Futterumstellung geschoben. Dabei ist sein vegetatives Nervensystem schon so überaktiv, dass es auf die Haut und den Magen-Darm-Trakt wirkt. Psychosomatisch.

Dieser Welpe braucht mindestens so viel Geduld und Feingefühl wie ein Krawallmacher oder Gierzahn. Er sollte ermutigt werden, seine Fähigkeiten kennenlernen, seine Menschen als Backup und Unterstützung erfahren und er sollte nicht überfordert werden. Er darf die Welt Schrittchen für Schrittchen kennen lernen, ganz in seinem eigenen Tempo. Und er darf lernen, sich zu verweigern, seine Wut und Frustration zu zeigen, damit er nicht durch seine Menschen überfordert wird.

Pubertät: Wenn Hormone Purzelbäume schlagen

Eben waren sie noch süß, gerade haben sie die ersten Zähne verloren und plötzlich ist sie da: Die Hunde-Pubertät. Die Pubertiere scheinen schlagartig vergessen zu haben, was sie bisher gelernt haben. Der alltägliche Stresslevel schnellt nach oben, alle Gerüche dieser Welt werden mit dauerhaftem Schnuppern aufgesogen, das Markierverhalten, das Rumgeprotze und Gezanke geht los. Ach ja. Eigentlich kennen wir das ja auch. Von uns selbst, von unseren Kindern und eben auch von unseren Hunden. Die Hormone übernehmen die Regie.

Wenn wir uns zurückerinnern und uns gegenüber ehrlich sind, werden wir feststellen, dass es während dieser Lebenszeit viel Verwirrung, viel Selbstzweifel, viel Verachtung für die Regeln der „Alten", eine Zusammenrottung mit den „richtigen" Gleichaltrigen, eine Abgrenzung gegenüber den „falschen" Gleichaltrigen gegeben hat.

Wir haben gedacht, dass keiner uns versteht. Dass die älteren Menschen keine Ahnung haben, langweilig, spießig, ignorant, nervig und extrem überflüssig sind. Und dennoch haben wir irgendwann einen Beruf erlernt, sind eventuell sogar Eltern geworden und haben uns ganz „kleingeistig, spießig" ein Zuhause geschaffen mit Kind und Hund. Wer hätte das gedacht?

Und so ergeht es wohl auch unseren Hunden. Sie werden sich in ihrer Pubertät auch in einem Identitäts-Loch befinden. Alles, was sie bisher sicher geglaubt haben, gilt nicht mehr oder scheint irgendwie unsinnig zu sein. Reh oder Leckerchen? Leckerchen oder Hase? Bis gestern war klar: Leckerchen. Herrchen und Frauchen haben ja fast immer recht.

Ava grenzt sich gegenüber der „alten" Lia deutlich ab.

Wim produziert sich als jugendlicher Held.

Und heute? Heute ist alles anders. Und der eigene Mensch reagiert mit Unverständnis. Dabei braucht der Hund doch, genau wie wir, diese wertvolle Zeit des Abstandnehmens zu den (Ersatz-)Eltern, um zu reifen. Um zu sich zu finden.

Den Welpen zu verabschieden und liebend im Herzen zu behalten, um das Pubertier liebevoll (durchhaltend!) ins Erwachsenenalter zu begleiten, ist die Anforderung an uns Hundehalter.

Leider passieren in der Pubertät häufig die ersten tragischen Konflikte unter Hunden. Wenn der Welpe heil durch die ersten Monate gekommen ist, nicht auf einer Hundewiese von Erwachsenen untergebuttert wurde, sondern in einer Welpenschule moderiert gelernt hat, wie Hunde sich miteinander benehmen sollten, dann hat er wahrscheinlich ein gutes Sozialverhalten gelernt. Es kann jedoch sein, dass dem dann pubertierenden jungen Hund ein Älterer begegnet, der ihm mitteilen möchte, dass seine Entwicklung hin zu einem strahlenden Prinzen oder einer zauberhaften Prinzessin in eben diesem Moment vorüber ist.

Mein Ridgeback-Rüde wurde drei Mal von fremden Rüden gebissen. Das erste Mal mit fünf Monaten, dann mit neun und mit zehn Monaten. Das dritte Mal war so scheußlich, dass ich ihn, damals noch in Hamburg lebend, kastrieren lassen habe. Danach hat es keine Anfeindungen mehr gegeben. Glücklicherweise hat er sich trotzdem zu einem mental starken Hund entwickeln können, der zeitlebens sehr beeindruckend war. Auch für andere

Hunde. Heute würde ich ihn nicht mehr (so früh) kastrieren lassen, insbesondere, da die Hormone für ihn selbst keinen Stress bedeuteten. Er war nicht ständig auf der Suche nach einer Hündin oder um Abgrenzung gegenüber anderen Rüden bemüht. Er lebte mit zwei weiteren Hunden (Rüde und Hündin) zusammen und entwickelte sich zu einem prächtigen Kerl, der leider anderen prächtigen Kerlen ein Dorn im Auge war.

Obwohl die Kastration im Nachhinein sicher keine gute Entscheidung war, habe ich dadurch erkennen können, wie sehr die Hormone das Verhalten beeinflussen, denn unkastrierte Rüden haben ihn nicht mehr angegriffen, ihn glücklicherweise aber auch nicht sexuell belästigt.

Heute empfehle ich geplagten Rüdenbesitzern durchzuhalten. Sehr häufig „verwächst" sich das übersexualisierte Verhalten tatsächlich. Frühestens mit eineinhalb Jahren würde ich, wenn es gar nicht anders geht, einem Hormon-Chip einsetzen lassen. Wenn dieser dann seine Wirkung verliert, kann man abwarten, ob sich das Verhalten wieder verändert oder nicht. Ob der junge Hunde-Mann unter seiner Sexualität weiter leidet, oder ob sich die hormonelle Lage stabilisiert hat.

Ich glaube tatsächlich nicht, dass Hunde komplett durch das Verhalten der „Führungsperson" sozial kastriert werden können. Selbstverständlich kann ein Hund dadurch, dass er in der kindlichen Rolle bleibt und seine Menschen als „die Erwachsenen" empfindet, ein reduziertes Sexualverhalten entwickeln. Aber es ist sicher nicht für jeden Menschen möglich, eine derartige Rolle einzunehmen und zudem gibt es genug gegengeschlechtliche Konstellationen, in der der Hund sich als Partner sieht und sich auch so verhält. Zudem entspricht die Lebenssituation von Hunden und Haltern nicht den Gegebenheiten, wie Hunde sie in einer ursprünglicheren Welt erleben würden: Auf engem Raum leben sehr viele Menschen und zunehmend sehr viele Hunde. Die öffentlich verfügbaren Flächen müssen geteilt werden, Ausweichen ist kaum möglich. Ich erinnere mich an eine Kundin, die mit ihrem Kurzhaarcollie-Rüden in einer Wohnstraße in Hamburg wohnt und berichtete, dass ihr Rüde aufgrund von sexuellem Stress nicht fressen und schlafen könne. Ständig sei in der Nachbarschaft eine Hündin läufig und der jugendliche Bruno käme vor lauter rosa Herzchen nicht zur Ruhe. Da wird der Trieb zur Qual – für Hund und Mensch.

Unsere Aufgabe als Hundehalter kann in der bewegten Zeit der Pubertät nur sein, dass wir sorgfältig für unsere Hunde die Kontakte auswählen, Ruhe bewahren, Konfrontationen mit anderen Hunden aus dem Weg gehen und ganz in Ruhe dafür sorgen, dass unser Hund das bereits Erlernte nicht vergisst.

Endlich erwachsen

Je nachdem, welche Hunderasse oder Mischung wir uns ausgesucht haben, wird unser Hund irgendwann erwachsen. Wenn wir es miteinander bis hierher ohne größere Schwierigkeiten oder Traumata wie zum Beispiel schwere Unfälle oder Krankheiten geschafft haben, dann kommt jetzt die Zeit des vertrauten Miteinanders. Wir kennen uns, haben uns an unsere Macken (hoffentlich) gewöhnt, wissen wie wir miteinander und der Welt um uns herum umgehen können oder müssen und können dies genießen. Das entgegengebrachte Vertrauen ermöglicht dem Hund meist mehr Freiheiten und ich denke gern an die Aussage einer Kundin, die über ihren zweieinhalbjährigen Vizsla-Rüden kürzlich sagte: „Er guckt jetzt immer häufiger zu mir und ich vertraue ihm mehr. Er reagiert nicht mehr auf jeden Bewegungsreiz und ist viel entspannter". Dahinter stecken jede Menge Geduld, Überwindung der eigenen inneren Bilder und Erwartungen („mit dem Welpen ohne Leine durch den Wald") und viel Selbstreflexion.

Wenn wir also relativ störungsfrei bis hierhergekommen sind, dann hat unser Hund beste Voraussetzungen, auch schwierige Erlebnisse wegzustecken, Traumata zu überwinden und sich kontinuierlich weiterzuentwickeln. Mensch und Hund lernen bis zum allerletzten Augenblick ihres Lebens. Die Frage ist nur, was sie lernen: Sich nach einem geglückten Start ins Leben mit den gegebenen Ressourcen weiterzuentwickeln, zu wachsen und zu gestalten oder sich nach tragischem Start mit aller Macht gegen weitere Schicksalsschläge zu wappnen.

Viele Menschen und Hunde sind als Ergebnis aus ihrer Kindheit und Jugend große Vermeider, Skeptiker und Pessimisten, und unfairerweise passieren diesen Individuen auch häufig Dinge, die zu ihrer pessimistischen Erwartungshaltung passen, weil sie Chancen und Möglichkeiten nicht sehen können und ihre Träume verlieren. Andere schöpfen das Leben aus, bringen ihre persönlichen Ressourcen zum Strahlen und erwarten stets das Beste. Das ist auch bei Hunden so. Sollten wir aber keine kleinen Strahlemänner und -frauen an unserer Seite haben, dann bleibt uns das sorgsame Einfühlen, um sie zu unterstützen, damit aus ihrem Leben das positivste, strahlendste und freudvollste Leben wird, das für sie möglich ist.

Wenn alles schwerer wird …

Je nach Hunderasse dauert das Erwachsenenalter unterschiedlich lang. Generell kann man sagen, dass Hunde, je größer sie werden, umso kürzere Lebenserwartungen haben. Ihre Lebensenergie verbraucht sich schneller. Und so ist eine Dogge mit acht Jahren ein Senior, während ein Kelpie im besten Alter ist. Selbstverständlich ist aber die Größe oder Kleinheit eines Hundes kein Garant für ein langes oder kurzes Leben. Eines ist jedoch jedem gesund alt werdenden Hund sicher: Irgendwann beginnt der Körper abzubauen und auch das geistige Vermögen der Hunde nimmt irgendwann ab.

Sie werden, ebenso wie die meisten alten Menschen, unflexibler, lieben ihre Rituale, reduzieren ihre Aktivitäten. Die Kraft lässt nach, die Explorationsfreude nimmt ab. Neue Erfahrungen werden zwar in Kauf genommen, aber die Hunde sind überwiegend irgendwann in einem Alter, in dem sie sich in ihrem Leben zurechtgefunden und arrangiert haben.

Traurigerweise erlebe ich bei manchen Hunden schon deutlich früher als bei anderen Hunden ihrer Rasse eine einsetzende Unflexibilität und innere Starre, die ich mir aus einer Erschöpfung durch Überforderung, dauernden Stress und zu hohe psychische Anforderungen erkläre. Diese Hunde „verbrennen“ und sind viel zu früh erschöpft und leer oder auf ihre Sorgen hin orientiert.

Immer wieder sehe ich auch Hunde, die gar nicht erst im Alter, sondern schon mit Beginn der Adoleszenz desillusioniert hinter ihren Menschen hertrotten. Sie haben verstanden, dass sie nicht verstanden werden. Diese depressive Erwartungslosigkeit steigert sich im Alter, denn auch Hunde beginnen ihr Leben nicht jeden Tag neu, sondern sind die Summe ihrer Erfahrungen.

Im Alter lassen die Sinne vieler Hunde nach. Sie sehen und/oder hören schlechter. Einige Menschen berichten dann, dass ihre Hunde damit großartig zurechtkommen und sich draußen sehr gut an ihren Menschen orientieren. Dabei stellt sich mir die Frage, ob die Hunde sich orientieren, weil sie sich an der Gesellschaft ihres Menschen erfreuen oder weil sie Angst entwickelt haben, verloren zu gehen, den Anschluss zu verlieren. Sollte das zweite der Fall sein, dann kann es sein, dass ein Hund nach einem langen, ausgefüllten Leben mit viel Freilauf an der Leine gehen sollte, damit ihm die Sorge erspart bleibt. Und ich erlebe viele Menschen, die damit ein großes Problem haben. Ihr Hund soll so bleiben, wie er in den letzten Jahren war. Er soll genauso schnell laufen, springen, schwimmen und spielen können wie in seinen besten Jahren. Und er darf auch keine altersbedingten Ängste und Sorgen haben, denn die nährt die Sorge des Menschen vor dem Abschied und dem Zurückbleiben.

Wenn die körperlichen, seelischen und geistigen Fähigkeiten und Ressourcen des Hundes sich verändern, können wir ihn darin unterstützen, sich dennoch wohl, aufgehoben, geborgen und verstanden zu fühlen. Auch wenn unsere Hunde zeitlebens nicht auf sogenannten „strategischen“ Plätzen, wie zum Beispiel vor der Küche oder an der Treppe, am Fenster oder an einer Tür liegen sollten (um uns nicht zu kontrollieren), dann geben wir diese Haltung auf und geben unseren Hunden orthopädische Liegematten an kuscheligen Stellen, an denen sie mitbekommen, wenn wir den Raum verlassen. Damit sie sich nicht verlassen fühlen.

Lia, mit viel Lebenserfahrung und Weisheit

Ein alter Hund verschläft so manchen Moment, in dem wir unser Essen zum Tisch tragen, mal eben zum WC gehen oder einen Besuch hereinlassen. Wenn man nichts mehr hört, dann fehlen die Geräusche, die dem Hund signalisiert haben: Der Kühlschrank geht auf, Leberwurstbrot-Zeit!

Verschläft unser alter Hund so manches Event, wecken wir ihn rücksichts- und liebevoll, bevor der Besuch kommt. Wir machen es ihm vorher bequem und instruieren unsere Gäste rechtzeitig über die veränderten Gegebenheiten. Unser Hund wird begrüßt, wenn er das möchte und von seinem gemütlichen Plätzchen andeutet, dass er angemessene Aufmerksamkeit erwartet.

Alte Hunde wollen sich sicher fühlen. Sie spüren, dass es in den Knochen knackt, sie langsamer und unbeweglicher werden, sie nicht mehr alles mitkriegen. Viele Hunde entwickeln dann Ängste, erschrecken sich leicht, werden anhänglicher, nicht kuscheliger. Sie verfolgen einen, sofern dies möglich ist – nicht, weil sie so viel Nähe suchen, sondern weil sie Sicherheit und Unterstützung brauchen.

Hunde können auch Demenz entwickeln. Sie werden dann ruheloser, wandern viel umher und scheinen manchmal orientierungslos im Raum zu stehen. Oder sie liegen in ihrem Körbchen und starren in die Ferne oder die Ecke. Nicht mit einem verträumten Blick, sondern fragend. Wenn ich bemerke, dass ich in meiner Welt nicht mehr zuhause bin, sie nicht mehr verstehe. Wenn mir niemand gesagt hat, dass ich meine Vergangenheit, mein Wissen und meinen Verstand verliere, dann ängstigt mich das. Es ist unsere Aufgabe, den Zeitpunkt zu finden, wo unser dementer Hund noch Freude hat, unbeschwert sein kann und nicht mit der Erlösung zu warten, bis die Angst vor dem Leben die schönen Erinnerungen verdrängt hat.

Die Entscheidung zur Euthanasie ist extrem schwierig, und dennoch ist es so gut, dass wir unseren Hunden das Schlimmste ersparen können. In dem Moment, wo wir die Verantwortung für ein Hundeleben übernommen haben, haben wir auch die Verantwortung für seinen Tod in Würde und mit liebevoller Begleitung bis zum letzten Atemzug angenommen.

2. Von weißen Haien und dunklen Gruften

Woran liegt es eigentlich, dass einige Menschen (und Hunde) eine Situation mit „Glas halb voll" und andere mit „Glas halb leer" bewerten? Warum nehmen wir die Welt so unterschiedlich wahr? Und warum gibt es News, Fake-News, alternative News und nicht die reine Wahrheit? Weil Wahrnehmung individuell unterschiedlich ist!

Wahrnehmung entsteht im Kopf, in der Interpretation. Nur 17 % unserer Sehnerven sind tatsächlich mit dem Sehen der uns umgebenden Umwelt beschäftigt. 83 % dienen der Verarbeitung des Gesehenen. Und die Interpretation des Gesehenen beruht auf Erfahrungen und ist somit so vielfältig, wie unsere Lebensläufe unterschiedlich sind.

Daraus lässt sich erklären, dass zwei Individuen das Gleiche betrachten und doch völlig unterschiedliche Dinge sehen. Was für den einen ein wunderschöner, verwunschener alter Turm in herrlicher Landschaft ist, ist für den anderen ein dunkler Gefängnisturm in der ausweglosen Wildnis.

Ich habe als Kind scheinbar zu früh „der weiße Hai" geguckt und war die nächsten Jahre beim Baden in der Ostsee davon überzeugt, dass die Steine und Wasserpflanzen die Schatten von Haien seien. Dabei fand ich Haie als Spezies außerordentlich spannend und bedauerte es zutiefst (und tue das noch heute), dass sie vom Aussterben bedroht sind. Der Film hatte in mir eine Fantasie-Bedrohung erweckt, die mich jahrelang begleitet hat, obwohl sie in der Ostsee völlig surreal ist.

Wir wissen nicht, welche Erlebnisse in unseren Hunden welche Wahrnehmungen beeinflussen. Wir können jedoch mit Sicherheit sagen, dass Hunde dieselbe Situation unterschiedlich wahrnehmen, sich bedroht, belustigt, wütend oder verängstigt fühlen. Entsprechend ihrer Erfahrungswelt. Vielleicht haben unsere Hunde auch weiße Haie gesehen oder wurden in eine dunkle Gruft gesperrt.

Der weiße Hai war vielleicht ein Mensch oder ein anderer Hund, der unseren Hund mit dem Tod bedrohte. Vielleicht war es aber auch „nur" ein Welpe in der Welpengruppe, der beim wilden Spiel genau in dem Augenblick angerannt kam, als unser Hund sich an einem Zaunpfosten ganz fürchterlich weh getan hat. Und so wurde der Schäferhund (Welpe) mit einem fürchterlichen Schmerz verknüpft und unser erwachsener Hund „mag einfach keine Stehohrhunde".

Die dunkle Gruft war vielleicht ein Keller, in den der Welpe gesperrt wurde, weil er bei seinen Vorbesitzern immer auf den Perserteppich machte, oder es war der Hundetransporter, der den Hund aus Rumänien drei Tage lang durch Europa gefahren hat. Ohne Ausweg, weg von den Geschwistern und Mama.

Ein Hund aus dem Tierschutz, der keinen liebevollen Kontakt zu Menschen hatte, wird Menschen anders wahrnehmen als ein aufmerksam aufgezogener Welpe aus bester Haltung.

Geräusche, Gerüche, Lichter, Bewegungen und sogar ein wechselnder Luftdruck können in Hunden Erinnerungen und Interpretationen auslösen, die sich unserer Kenntnis und unserem spontanen Verstehen entziehen.

Reagiert unser Hund mit Angst oder Wut, dann wird dies einen Grund haben, den wir vielleicht nicht verstehen oder von dem wir nichts wissen, den wir aber erahnen und ernst nehmen können. Und bei dessen Bewältigung wir behilflich sein können. Wir steigen nicht mit in die dunkle Gruft, aber wir halten die Lampe, die den Ausgang erleuchtet.

Wahrnehmung ist keine Glückssache

Es gibt im Erleben der Umwelt kein „richtig" oder „falsch". Jedes Individuum erlebt seine ganz eigene Umwelt. Wir alle wissen, wie leicht man Worte eines Gegenübers missverstehen kann, wie schnell es geschieht, dass aus einem kleinen Spaß verbissener Ernst wird, wir uns über eigentlich unwichtige Dinge aufregen oder wirklich essenzielle Fakten nicht wahrnehmen, überhören, übersehen. Woran liegt das?

Bei allem, was uns an Reizen begegnet, spielt unsere Erwartung zu diesem speziellen Reiz eine beeinflussende Rolle. Erwarte ich von meinen Mitmenschen Zurückweisung, weil ich als kleines Kind viel Ablehnung erfahren habe, dann werde ich jedes Zögern, jedes Wegsehen als Abwehr interpretieren. Jedes Lächeln wird mir falsch vorkommen, gekünstelt und höhnisch. Jede Frage als Hinterfragung, jede Bitte als Kritik. Und nach so einem Gespräch schwärmt die eine Seite von „Übereinstimmung und Tiefgang" und die andere beschwert sich über „Arroganz und Ignoranz". Beide haben miteinander gesprochen. Fast jeder kennt das Kommunikationsmodell von Friedemann Schulz von Thun: Vier Ohren hören mit unterschiedlichen Erwartungen, vier Münder sprechen mit unterschiedlichen Motiven. Und so sagt der eine „mir ist kalt" und der andere hört „warum hast du die Heizung nicht rechtzeitig angeschaltet?".

Und so ist Wahrnehmung eben keine Glückssache, sondern vielmehr bei vielen Individuen erst einmal Unglückssache: Befürchtungen und Ängste, Wut und Frustration aus grauer Vorzeit bestimmen, was wir wahrnehmen.

Und ebenso ist es bei unseren Hunden. Ein Hund bellt andere Hunde an, weil er befürchtet, wieder einmal wie in seinem viel zu großen Wurf von den Geschwistern von anderen Hunden gemobbt zu werden und versucht vorzubeugen, dass sich jemand nähert. Mit viel Getöse stellt dieser Hund sich als zähnefletschendes Monster, harter Draufgänger und Raufbold dar und ist tief im Innern doch nur ein kleiner Welpe, der hofft, dass das Gegenüber dem Getöse glaubt und nicht näherkommt. Er macht Getöse, weil es hilft, weil es vorbeugt und ihn schützt.

Wir Menschen können uns selbst reflektieren, unsere Muster erkennen und so unsere Erwartungs- oder besser gesagt unsere Befürchtungshaltung ändern.

Wenn sich die Erwartung („Glas halb leer" zu „Glas halb voll") ändert, ändert sich auch die Wahrnehmung und Interpretation des Erlebten. Doch geschieht dies nie von selbst, da

Befürchtungen dazu da sind, uns vor begründeter Gefahr zu bewahren. Also dienen pessimistische Befürchtungen der Gefahrenabwehr. Und so ist dies auch bei unseren Hunden. Sie können sich uns zudem nicht differenziert mitteilen und um unsere Unterstützung bitten. Sie versuchen meist, ihre Probleme selber zu lösen und erfahren dafür von uns häufig noch Ablehnung, Strafe oder zumindest Unmut. Wir können nur unsere Wahrnehmung dafür schärfen, ihre Nöte wahrzunehmen und dementsprechend unterstützend zu agieren.

Damit Wahrnehmung Glückssache wird!

Nur zu häufig erfahren Hunde leider Ablehnung dafür, wenn sie versuchen, ihre Probleme selbst zu lösen. Wir aber möchten Entdeckerfreude und Problemlösung gezielt fördern!

Angst und Angststörungen

Angst ist grundsätzlich eine natürliche, sinnvolle Reaktion, die das Individuum vor Gefahren schützt. Würden wir oder unsere Tiere keine Angst empfinden, würden wir uns ständig in Lebensgefahr befinden. Ebenso, wenn wir keine Schmerzen fühlen würden. Angst und Schmerzempfinden schützten uns früher vor Feuer, vor Säbelzahntigern, vor Erfrierungen und sind bis heute überlebenswichtig, damit wir uns nicht die Finger klemmen, vor den Laster laufen oder ohne Bungee-Seil von der Brücke springen. Erst, wenn Kinder von ihren Eltern gelernt haben, dass sie nicht in eine Steckdose fassen dürfen, können sie auch mal für einen Moment unbeaufsichtigt spielen.

Dasselbe gilt für Welpen. Die Hundeeltern wachen „wie die Schießhunde" darüber, dass ihr Nachwuchs keinen Kontakt mit Gefahren hat. Die Kleinen würden sich im Extremfall ungewollt umbringen, da sie (hoffentlich) keinerlei Erfahrungen mit Gefahr haben und vor einer unbekannten Gefahrenquelle daher auch nicht ausweichen würden.

Selbst kleine Lämmer, also die Nachkommenschaft der Fluchttiere Schafe, sind zu Beginn an überwiegend neugierig und laufen nicht selten auf die Hütehunde zu.

Unsere Hunde sind mit Lämmern instinktiv sehr freundlich und vorsichtig, wenn sie eingehütet werden, da sie anscheinend erkennen, dass die Lämmer noch nicht verstehen, dass man als gut erzogenes Schaf vor den Hunden weicht.

Wenn Angst jedoch nicht zu einem angepassten Verhalten führt, sondern die Reaktion auf einen Reiz regelmäßig übermäßig groß ist oder der Schreckmoment immer wieder langanhaltend bestehen bleibt, dann kann man von einer Angststörung sprechen.

Angststörungen lassen einen hohen Leidensdruck entstehen und gehören auch bei uns Menschen zu den häufigsten psychischen Störungen (neben Depressionen).

Daher ist es wichtig, darauf zu achten, ob die Reaktion auf den angstauslösenden Stimulus angemessen bleibt, also eine Angst vorliegt, oder überzeichnet ist und von einer Angststörung ausgegangen werden muss.

Man unterscheidet zwischen einer vegetativen und einer psychischen Symptomatik und die Dauer der Symptomatik bzw. der Zeitraum bis zum Abklingen der Symptome (Erholung) kann ein Hinweis auf eine Angststörung sein.

Vegetative Symptomatik: Der Körper spielt verrückt

Körperliche, unwillkürliche Symptome wie ein erhöhter Herzschlag, Schweißausbrüche, Zittern, spontane Darm-, Blasen- oder Analdrüsenentleerung sind sogenannte vegetative Symptome.

Eine erhöhte Herzfrequenz kann beim Hund durch Handauflegen gemessen werden. Dafür ist es sinnvoll, die normale Herzfrequenz des eigenen Hundes zu kennen. Sie variiert circa von 60 – 120 Schläge / Minute im Ruhezustand und ist abhängig von der Größe und der Fitness des Hundes. Stellen wir ungleichmäßiges Schlagen des Herzens fest, ist dies nicht unbedingt ein Grund zur Sorge. Hundeherzen schlagen in einem anderen Takt als unser menschliches Herz. Sollte sich doch ein Unbehagen einschleichen, ist es sinnvoll, eine Tierärztin oder einen Tierarzt beim nächsten Besuch in der Praxis darauf hinzuweisen. Beim Handauflegen geht es für uns nur um eine Orientierung, um abzuschätzen, ob unser Hund eine vegetative Symptomatik zeigt oder nicht.

Schweißausbrüche werden sicht- und riechbar über schweißige Pfotenabdrücke und einen plötzlich veränderten Körpergeruch.

Zittern ist ebenfalls ein deutliches Zeichen von Angst. Es muss jedoch unterschieden werden zwischen dem Zittern aus Angst, beim Frieren oder dem aufgeregten Zittern einiger Hunde vor einer Aktivität. Das „Aufgeregtheitszittern" findet sich bei einigen Hunderassen verstärkt, ist aber immer Ausdruck innerer Unruhe und ein Zeichen für Stress. Auch eine starke freudige Erwartungshaltung ist (Eu-)Stress und kann auf Dauer krank machen, da im Organismus das gleiche passiert wie beim negativ empfundenen Stress (Dis-Stress).

Auch verstärktes Schmatzen, starkes Hecheln oder Lecken über die Nase kann ein Zeichen von Angst sein.

Ein Beklemmungsgefühl äußert sich häufig im „Luftanhalten" und ist Ausdruck starker Muskelkontraktion im Rumpf. Es ist gut daran zu erkennen, dass sich der Brustkorb des Hundes nicht mehr bewegt. Ich erlebe es sehr häufig, dass Hunde bereits die Luft anhalten und nicht mehr ansprechbar sind, wenn sich Herrchen oder Frauchen von ihrem Hund entfernen und sie nicht mitgehen können. Die Sorge um sich selbst oder um ihren Menschen bewirkt schlagartig, dass die Hunde so sehr die Kontrolle über ihren Körper verlieren, dass sie temporär zu atmen aufhören.

Körperliche Missempfindungen können ebenfalls das Ergebnis von Angst sein. Ein „nicht berührt werden wollen" deutet darauf hin. „Stressdurchfall" und anhaltende Durchfälle sind vegetative Symptome und können bei Angststörungen chronisch werden.

Psychische Symptomatik und Verhalten: Wie die Angst sichtbar wird

Die vegetativen Symptome initiieren häufig psychische Symptome. Schwindel, körperliche Schwäche und Benommenheit verstärken eine vorhandene Unsicherheit und diese äußert sich häufig in der Verweigerung, bestimmte motorische Aufgaben auszuführen, z. B. über glatte Böden zu gehen oder in das Auto zu springen. Die Angst vor Kontrollverlust über die eigene Handlungsfähigkeit oder die Handlungen anderer Hunde oder Menschen kann sich in Protesten, Begrenzungen und Korrekturen dem (menschlichen) Sozialpartner gegenüber zeigen, der durch seinen Umgang mit dem angstauslösenden Reiz oder einer Situation den Kontrollverlust forciert.

Einige Hunde verlieren aber auch so umfassend die Kontrolle über ihre Skelettmuskulatur, dass sie nicht mehr stehen oder sitzen, sondern nur liegen können. Das wirkt dann häufig so, als wären die Hunde in einer sehr angespannten Situation total entspannt und der Weihnachtsmarktbesuch oder die Streichelattacke werden fortgesetzt, weil nicht bemerkt wird, dass der Hund aus seelischer Schwäche zusammengesackt ist.

Stellen wir uns vor, wir würden so etwas bei einem Menschen erleben: Jemand hat so starke Angst, dass er zusammensackt und nicht mehr stehen oder sitzen kann. Würden wir nicht sofort die Situation mit diesem Menschen verlassen, in dem Wissen, diese Person gnadenlos überfordert zu haben?

Die extremste psychische Symptomatik ist die akute Todesangst. Hunde beginnen dann häufig zu schreien, erwarten massive Verletzungen oder den nahen Tod und erleben eine übermäßige Hilflosigkeit. Können sie die Todesangst durch angstaggressives Verhalten (Beißen, Schnappen, Scheinattacken) oder Flucht unterbrechen, entwickeln sie sehr schnell ein immer wieder auftretendes Verhaltensmuster. Der Erfolg manifestiert das Verhalten.

Wiederholt auftretendes Meideverhalten, also das bewusste Vermeiden bestimmter Situationen, ist ein sicheres Zeichen für Angst und kein Zeichen von Stress.

Phobische Störungen oder die Sache mit dem Knall

Unter Phobie versteht man eine Angststörung, die an einen Auslösereiz wie zum Beispiel ein Knallgeräusch gebunden ist und nur in Situationen auftritt, in denen der entsprechende Reiz vorhanden ist. Einige phobische Störungen beeinträchtigen die Lebensqualität nicht so stark, das betroffene Hunde unbedingt therapeutische Unterstützung benötigen. Die Angst vor Knallgeräuschen an Silvester umgehen viele Hundehalter durch einen Exodus an ruhigere Orte wie St. Peter Ording oder andere Idyllen, in denen die Menschen entweder durch gesetzliche Vorgaben an der Ausübung der teuren Lärmerei gehindert werden oder es schlicht und ergreifend so dünn besiedelt ist, das Ruhe herrscht. Leider gibt es aber immer noch ein paar Menschen, die der Meinung sind, dass ihr Hund „da durch" muss.

In diesem Beispiel hängt es also von unserem Umgang ab, inwieweit unser Hund gut oder schlecht mit seiner Angst leben kann und wie groß somit der Leidensdruck für ihn und uns ausfällt.

Andere Störungsbilder hingegen sind grundsätzlich mit einem massiven Leidensdruck verbunden, da sie alltägliche Lebenssituationen betreffen und somit der Alltag, die tägliche Lebenswelt, angstauslösend sein kann.

„Die klären das unter sich" ist wahrscheinlich eine der menschlichen Einstellungen, die am häufigsten Angststörungen bei Hunden auslöst. Aus dieser Annahme resultiert zum Beispiel, dass bereits Welpen auf einer Hundewiese gegen erwachsene Hunde bestehen müssen, was ihnen niemals geschehen würde, wenn sie bei ihren Hundemamas bleiben würden. Mit Schaudern höre ich auf der neben einem unserer Trainingsgelände gelegenen Hundewiese immer mal wieder Welpen quietschen und schreien, wenn diese ihre zukünftigen „Freunde" kennenlernen „dürfen". Sie werden einmal ordentlich zusammengestaucht, angeblich „erzogen" durch ihnen völlig fremde erwachsene Hunde, und werden dann nach passiver Unterwerfung geduldet, später vielleicht sogar in die Gruppe (nicht Rudel! Ein Rudel ist eine zusammenlebende Hundegruppe) aufgenommen. Wen wundert es, dass diese Erfahrung der Hilflosigkeit und des Alleingelassenwerdens durch den eigenen Menschen die kleinen Hunde für die Zukunft prägt und sie entweder selber zu „Mobbern", Fremde-Hunde-feindlich oder ängstlich werden?

Hunde mit einer sozialen Phobie zeigen häufig eine ängstliche Hemmung gegenüber Artgenossen oder Menschen. Trotz ablehnender Reaktion ihres Gegenübers nähern sie sich immer wieder mit unterwürfigen Gesten an, beschwichtigen, kommen immer wieder und machen immer weiter und machen durch die dann stärker ausfallende negative Reaktion weitere schlechte Erfahrungen, die ihre Unsicherheit verstärken. Hunde haben in ihrem natürlichen Umfeld kaum die Möglichkeit, sich von ihrer Familie zu trennen und ein einzelner Hund kann in der Welt kaum bestehen. Sie sind also dazu verdammt, auf Gedeih und Verderb mit ihrer Familie, den sie umgebenden Individuen, zurecht zu kommen. Wenn die soziale Umgebung nicht wohlwollend ist, immer wieder aus fremden, mobbenden Hunden oder übergriffigen Menschen besteht und der Hund schon als Welpe gelernt hat, stets der Unterlegene zu sein, dann beschwichtigt er eben. In der Hoffnung, dass man nett mit ihm umgeht. Solche Hunde werden von ihren Menschen häufig als anderen Menschen und Hunden gegenüber aufdringlich nervende Persönlichkeiten beschrieben, die unbelehrbar immer wieder in Kontakte gehen und sich auch nach schärfsten Korrekturen kaum anders verhalten. Was für ein Drama! Wüssten diese Hunde, dass sie keine Kontakte haben müssten, dass sie keine Angst vor negativer Bewertung durch die soziale Umwelt fürchten müssen, dass sie nicht auf die anderen angewiesen sind, dann würden sie ihre sozialen Ängste viel eher überwinden können. Dieser Teufelskreis aus Beschwichtigung, Korrektur und noch mehr Beschwichtigung ist nur zu unterbrechen, indem für einen angemessenen Zeitraum Kontakte vermieden oder sehr eng zu Gunsten des unsicheren Hundes moderiert werden und gleichzeitig das Selbstvertrauen und das Selbstwertgefühl des Hundes gestärkt wird.

Bei einigen Hunden hört man die innere Spannung durch „Piepsen" beim Aufeinandertreffen mit anderen Hunden oder Menschen. Das Piepsen ist Ausdruck von Sorge und das „Hinwollen" dient eher dem Abchecken des anderen Hundes, nicht der freundlichen Kontaktaufnahme. Die meisten Hunde mit einer sozialen Phobie würden Kontakte meiden, haben jedoch nicht die Möglichkeit dazu oder die Erfahrung gemacht, dass sie durch ihren Menschen dem Kontakt ungewollt ausgesetzt werden. Auch eine Scheinattacke, um einer tatsächlichen Kontaktaufnahme durch das Gegenüber vorzubeugen, kann ein Symptom einer sozialen Phobie sein. Um sicherzugehen, ob Hunde „nur" keine Lust auf Kontakte haben oder unter einer Phobie leiden, ist es sinnvoll, sie genau zu beobachten, ihnen die Möglichkeit zum Ausweichen zu geben und zu ermitteln, ob sie in Verhaltensmustern agieren. Stark in sozialer Angst gefangene Hunde reagieren unreflektiert auf plötzlichen Kontakt. Auch auf bekannte Hunde oder Menschen, die unerwartet um „die Ecke" kommen, wird ablehnend oder ängstlich gehemmt (Scheinattacke, Bellen oder Beschwichtigen) reagiert. Erst nach Ansprache oder Schnupperkontakt nehmen die Hunde ihr Gegenüber als bekannt wahr. Die Angst verändert die Wahrnehmung, das Denken ist reduziert, die Angst beherrscht die Handlung.

Das andere Extrem zu Beschwichtigungsverhalten können Panikreaktionen (kopflose Flucht, keine Ansprechbarkeit durch den Menschen) aufgrund eines angstauslösenden Reizes sein. Angstauslösende Situationen werden durch den Hund vermieden, sofern

Zora zeigt eine leichte Unsicherheitsmimik: Ohren hinten, langer Mundwinkel, Hecheln, zusammengekniffene Augen.

dies möglich ist. Hunde weigern sich in bestimmte Richtungen zu gehen, reißen sich los, schlüpfen rückwärts aus Geschirren, winden sich wie Aale und werfen sich zu Boden, schwer wie ein Sack Zement, um dem angstauslösenden Reiz zu entkommen. Wird eine panische Flucht unterbunden, können aggressive Reaktionen (Angstaggression) auftreten, die im Extremfall mit sogenanntem Beschädigungsverhalten einhergehen kann, um ein Ende der Situation herbeizuführen. Die angstaggressive Reaktion kann sich auch gegen den eigenen Menschen wenden, der den Hund in eine angstauslösende Situation zwingt, bzw. die Flucht verhindert. Zum Beispiel werden Staubsauger oder Autos attackiert, Hunde wenden sich eventuell zu den sie begrenzenden eigenen Menschen um und beißen diese. Da die Leine den Hunden keine Wahl auszuweichen lässt, werden entgegenkommende Hunde mit exzessivem Ausflippen an der Leine bedacht.

Typisch für die meisten Angststörungen ist eine Generalisierung bzw. Ausweitung der Symptomatik auf ähnliche Reize. Eine Angst, die an Silvester entstanden ist, kann sich ausweiten auf Fehlzündungen von Autos, Händeklatschen, zuschlagende Türen oder andere Geräusche, die eine ähnliche Frequenz aufweisen.

Stressmimik: langer Mundwinkel, Ohren nach hinten angelegt, Hecheln, Augen zusammengekniffen

Die Schlangengrube: generalisierte Angststörung

Die generalisierte Angststörung ist gekennzeichnet durch ein dauerhaftes Gefühl der Angst. Diese Angst wird nicht situativ durch einen bestimmten Reiz ausgelöst, sondern zeigt sich in einer umfassenden Angst vor „dem Leben" an sich. Betroffene Hunde rechnen scheinbar ständig mit dem Schlimmsten, sind nicht aufgeschlossen für neue Erfahrungen. Meist sind sie unauffällig, machen kaum Probleme, haben aber ein riesengroßes Problem: Das Leben ist definitiv kein Ponyhof, sondern eine Grube voller Schlangen, die jederzeit beißen könnten.

Hunde mit dieser Störung zeigen wenig Neigung zu explorieren (Interesse an neuen Erfahrungen) oder „schnuppern sich weg", um sich mit der realen Umwelt nicht konfrontieren zu müssen. Besonders das „Wegschnuppern" oder auch „weggucken", ein Rückzug aus der Realität, ist ein Schutzmechanismus, der den Organismus entlastet. „Was ich nicht sehe, ist nicht da". Die Hunde sind bei diesem „Wegschnuppern" und „Weggucken" noch ansprechbar, wirken aber desinteressiert an den Aktivitäten des Menschen und wenig orientiert. Viele Hundehalter nehmen diese Form der Angst nur in seltenen Situationen wahr, empfinden ihren Hund eher als gelangweilt, desinteressiert und es ist für viele eine schmerzhafte Entdeckung, wenn sie erkennen, dass ihr Hund Angst vor der Welt hat.

Die Hunde sind meist motorisch stark angespannt und leiden häufig unter einer vegetativen Übererregtheit. Sie haben oft körperliche Symptome wie Darm- und Hautprobleme, einen empfindlichen Magen etc., die aus dieser Übererregung resultieren. Nach außen wirken sie passiv und in ihrem Inneren lebt die Angst.

Sie sind meist skeptisch ihrer Umwelt gegenüber und vermeiden jegliche Reize, die ihrem von Sicherheitsgedanken geprägten Alltag verändern könnten. Sie leiden leicht unter Kontrollverlust-Gefühlen, auch in Bezug auf ihre menschlichen Sozialpartner. Entfernen sich diese, geht das letzte Gefühl der Sicherheit verloren.

Hunde mit generalisierter Angststörung mögen nicht in den Urlaub fahren, freuen sich nicht über das neue Familienauto, die neuen Nachbarn oder die vielseitigen Beschäftigungsangebote durch ihre Menschen. Ihre Menschen beschreiben sie oft als unflexibel und sogar ein bisschen pedantisch. Auf ein umgestelltes Wohnzimmer oder gar einen Umzug wird mit anhaltendem Stressdurchfall und einem Hotspot reagiert.

Diese Hunde sind nur schwer von der Leichtigkeit des Seins zu überzeugen. Hat man mit verhaltenstherapeutischen Maßnahmen wie einer Desensibilisierung (Gewöhnung an angstauslösende Reize) der einen Angst die Stirn gezeigt, schauen gleich die nächsten drei bis dreißig Ängste um die Ecke. Dieser Form der Angst ist nur zu begegnen, wenn der Hund an sich gestärkt wird, also sein ganzes Körper- und Sozial-System, damit ein Gefühl „Ich schaffe das und wenn ich es nicht schaffe, dann mein Mensch!" entstehen kann. Verhaltenstherapeutische Maßnahmen verschlimmern das Leiden, da sie zu wenig stabilisierend wirken und den Hund schnell überfordern.

Trauma – wenn der Alptraum Realität wird

Wir verwenden den Begriff „Trauma“ in unserer Sprache inflationär, bezeichnen damit erschreckende oder angstauslösende Situationen und deren psychische Folgen. In der Psychologie wird der Begriff „Trauma“ und die Folgen, die daraus entstehen können (Traumafolgestörungen) jedoch sehr abgegrenzt definiert.

Traumata sind definiert als kurz- oder langanhaltende Ereignisse oder Geschehen von außergewöhnlicher Bedrohung mit katastrophalem Ausmaß, die nahezu bei jeder Person tiefgreifende Verzweiflung auslösen würde. (Dilling, 1994).

Gefühle der absoluten Hilflosigkeit, Ausweglosigkeit, die Erfahrung, keine Hilfe zu bekommen und sich selbst nicht helfen zu können im Angesicht einer potenziell lebensbedrohlichen Gefahr oder eines übermächtigen Ereignisses bedeuten eine Zäsur im Leben.

Dennoch gehören traumatische Erfahrungen leider zum Leben dazu. Der Verlust von Sozialpartnern, Unfälle, schwere Krankheiten oder Naturkatastrophen können uns alle treffen. Wie diese traumatischen Ereignisse verarbeitet werden können, ist jedoch sehr unterschiedlich. Die Widerstandfähigkeit gegen eine seelische Beschädigung durch Traumata nennt man Resilienz. Wie resilient eine Person ist, hängt von unterschiedlichen Faktoren ab. Die frühe Mutter / Kind, Mutter / Welpe Bindung, das sich sicher versorgt, geliebt, geborgen und unterstützt fühlen, stellen einen guten Start in das Leben dar und sind ein wesentliches Merkmal der Entwicklung von Resilienz. Soziale Zugehörigkeit und Selbstwirksamkeit sind weitere Faktoren von Resilienz.

Wenn die frühesten Erfahrungen geprägt sind von Defiziten an Fürsorge, Versorgung, Liebe, Wärme und Geborgenheit (mangelndes Urvertrauen), wenn das Individuum erfährt, dass es wenig Einfluss auf die Gestaltung seines eigenen Lebens nehmen kann (mangelnde Selbstwirksamkeit) und eine Person sich nicht willkommen und geschätzt in einer sozialen Gruppe fühlen kann (mangelnde Zugehörigkeit), dann ist es sowohl für einen Menschen als auch für einen Hund schwer, Resilienz zu entwickeln.

Das erklärt, warum insbesondere sehr frühen traumatischen Erfahrungen mit wenig Resilienz begegnet wird: Der kleine Welpe oder das Kind kann noch nicht genug resilienzbildende Erfahrungen gesammelt haben.

Als posttraumatische Reifung wird die Fähigkeit eines Individuums bezeichnet, durch Einordnung in einen sinnhaften Zusammenhang ein Trauma in das eigene Leben zu integrieren.

Leider ist es für unsere Hunde kaum möglich, einen „sinnhaften Zusammenhang“ zwischen dem erfahrenen Trauma und dem Hier und Jetzt zu finden. Hunde fragen sich nicht: „Wofür war das gut? Wozu befähigt mich diese Erfahrung? Kann ich mittels dieser Erfahrung Gutes für Andere bewirken?“

Die Klassifizierung von traumatischen Erfahrungen ist davon abhängig, wie das Geschehen durch das Individuum bewertet wird, wie hilflos und bedroht sich jemand gefühlt hat, und dessen Verarbeitung wird davon beeinflusst, wie resilient eine Person ist, welche frühen Bindungs- und Beziehungserfahrungen gemacht wurden.

Ein Hund aus dem Tierschutz, der bei einer zufriedenen Hundemama ohne Mangel aufgewachsen ist und erst nach seinem ersten Lebensjahr „gerettet“ wurde, kann resilienter sein als ein Hund vom Züchter, der eine Hundemama hatte, die überfordert war und der das erste Lebensjahr bei Menschen verbringt, die ihm wenig Selbstwirksamkeit und Zugehörigkeit vermitteln.

Die Wahrnehmung von Ereignissen ist sehr unterschiedlich, jedes Individuum lebt in seiner eigenen Wahrnehmungswelt, und so kann eine Situation gänzlich voneinander abweichend interpretiert werden.

Zum Beispiel: Eine Rauferei zwischen zwei Hunden kann für einen Hundebesitzer, der sich in dieser Situation sehr hilflos gefühlt haben mag, ein großer Schrecken sein.

Es ist auch möglich, dass dieser Hundehalter zukünftig mit Unbehagen in Begegnungssituationen mit fremden Hunden reagiert. Sein Hund könnte jedoch der Meinung sein, dass er dem anderen „mal ordentlich die Meinung gesagt hat“ und dass dies ein „kleines Gespräch unter Männern“ war, bei dem man ein oder zwei Blessuren davongetragen hat. Der Hund hat per Definition kein Trauma erlebt. Für den Menschen kann diese Situation insofern traumatisch sein, wenn das Handeln der Hunde nicht richtig eingeschätzt werden kann. Hat der Mensch den Eindruck, dass der Konflikt eine lebensbedrohliche Beißerei gewesen ist und es fast zum Äußersten gekommen ist, dann kann sich dies traumatisch anfühlen.

Ich erlebe sehr oft, dass Menschen die Handlungen ihres Hundes nicht einschätzen können, den Unterschied zwischen Komment-Kampf (kein Beschädigungsverhalten, dafür Imponieren) und Beschädigungsverhalten nicht kennen. Für sie ist Beißen Beißen. Wenn ich dann frage, ob der gebissene Hund genäht werden musste und sie dies verneinen, ich daraufhin sage, dass es „nur“ ein Schnappen, aber kein Beißen war, also keine Tötungs- oder Beschädigungsabsicht bestand, sind sie häufig erstaunt. Und das eigene Empfinden und die Bewertung der Situation relativiert sich. Was selbstverständlich nicht bedeuten soll, dass „Schnappereien“ wünschenswert und grundsätzlich harmlos sind.

Wird jedoch ein kleiner Welpe, der noch keine vertrauensvolle Beziehung zu seinen Besitzern aufgebaut hat, in eine Welpengruppe von zehn fremden Welpen „gesteckt“, kann dies eine traumatische Erfahrung werden. Wird er dort verfolgt, gestellt und gemobbt und kann sich zudem nicht zu seinem Menschen flüchten, weil der dies eventuell verwehrt oder nicht bemerkt, dann kann sich das für den Welpen lebensbedrohlich anfühlen. Der Welpe hat sich gefürchtet, hat sich verlassen gefühlt und hilflos. Finden diese Welpenspielstunden immer wieder statt, kann dies gravierende Auswirkungen haben. Die Angst vor solchen Situationen begleitet ihn eventuell sein ganzes Leben lang und beeinflusst jeden Hundekontakt, den er von nun an erleben wird. Und der Mensch denkt eventuell, dass der Welpe von den anderen Hunden „miterzogen“ wird, ordentlich was gelernt hat und „welpengerecht“ spielen konnte.

Ich erinnere mich sehr gut an die Zwergspitzhündin „Motte“, die mit fünf Monaten zu uns in die Welpengruppe kam. Motte hatte hysterische Angst vor anderen Hunden, war in einer Welpenspielgruppe auf mehreren hundert Quadratmetern vor den anderen Welpen immer wieder in einen Spieltunnel geflohen und kam nicht mehr hinaus. Die Kontakte unter den überwiegend deutlich größeren Welpen wurden nicht moderiert und Motte sollte von Beginn an lernen, dass sie sich den größeren anpassen sollte.

Motte brauchte zehn Termine auf dem Schoß ihrer Besitzerin in der moderierten Welpengruppe, ehe sie sich getraute, gemeinsam mit ihrem Menschen Kontakt zu den anderen aufzunehmen.

Motte lebt in Hamburg und ist die Hunde-Chefin ihres Viertels geworden. Sie ist keine Kläfferin und nicht aggressiv.

Klassifizierung von Traumata

Man unterscheidet verschiedene Formen von Traumata hinsichtlich ihrer Entstehung und Dauer. Die möglichen Auswirkungen der Traumaformen für den betroffenen Hund sind sehr unterschiedlich.

„Men Made Desasters" oder die schwerwiegenden Folgen der Ahnungslosigkeit

Die meisten Traumata, die Hunde erleiden, geschehen durch das Verhalten, die Einstellung oder Unkenntnis durch uns Menschen. Diverse Formen der Traumatisierung, die entweder mensch- oder hundgemacht sind, sind den Menschen nicht oder nur bedingt bewusst.

Mögliche Traumatisierungen beginnen bei Hundezüchtern, wo Hündinnen zwangsgedeckt werden. Besonders traumatisierend ist es für die Hündinnen, wenn sie von den Menschen, denen sie bis dahin wahrscheinlich vertraut haben, festgehalten werden. Das Trauma der Hündin setzt sich in den Welpen fort, die den Stress des Deckaktes und des Vertrauensbruches in der Tragzeit der Mutter vorgeburtlich durch Stresshormone und nach der Geburt durch eine eventuell unzureichende Fürsorge der Mutter erfahren. Glücklicherweise gibt es immer mehr verantwortungsbewusste Hundezüchter, die ihre Hündin nicht decken lassen, wenn diese den Rüden nicht mag.

Lebensbedrohliche Gewalt erleben Hunde sowohl durch Menschen als auch durch andere Hunde. Es ist leider sehr häufig, dass bereits Welpen durch andere Hunde (oder Menschen) traumatisiert werden, weil Menschen sich keine Gedanken darüber machen, was es für einen Welpen bedeutet, wenn er von erwachsenen Hunden „erzogen" wird. Das „Begrüßungsritual" (gemeinsames Umherschubsen, Scheinattacken, Verfolgen, Angreifen, Umrennen) auf der Hundewiese, wenn ein Welpe mit seinen Menschen auf eine feste Gruppe aus mehreren erwachsenen, fremden Hunden trifft, ist häufig sehr verstörend und massiv beängstigend für einen Hund. Und wie bei uns Menschen auch: Aus Opfern werden Täter.

Straßenhunde werden gefangen und „entführt", wissen nicht, wohin sie gebracht werden, kennen den Menschen oder die Institution, die sie fängt, nicht und haben häufig kaum Erfahrungen im Umgang mit Menschen. Sie werden in Gehegen oder Käfigen gehalten, was sie nicht kennen und verlieren den Kontakt zu ihrer Gruppe. Das sind Erlebnisse, die einer Entführung gleichen, auch wenn viele Tierschutzorganisationen versuchen, dies so positiv und stressfrei wie möglich für die Hunde zu gestalten.

Der Transport vom Shelter zu den Pflegestellen, über einen langen Zeitraum in eine Hundebox gesperrt, ist alternativlos. Hunde können dies jedoch als ausweglos und somit traumatisch empfinden.

Ich möchte keinesfalls den Tierschützern vorhalten, dass sie mutwillig Hunde traumatisieren und ich bewundere Menschen, die ihre Kraft in den Dienst der verlassenen Tiere stellen. Dennoch erleben viele Hunde die Inobhutnahme durch Menschen als Trauma. Wenn jedoch die Alternative der endgültige Tod ist, dann ist das – hoffentlich überwindbare – Trauma natürlich die bessere Wahl.

In einer Tötungsstation werden Hunde aufbewahrt, um zu einem für sie nicht vorhersagbaren Zeitpunkt getötet zu werden. Die Hunde erleben, dass Individuen ihrer Gruppe getötet werden oder verschwinden. Hunde verstehen, was „Tod“ ist. Sie erleben massive Hilflosigkeit, wissen nicht, wann es sie treffen wird. Zudem trauern sie um die verlorenen Gefährten und Familienmitglieder.

Hunde erleben durch Menschen, die ihr Bedürfnis nach Macht ausleben, Folter, Vernachlässigung und Hunger in menschlicher Obhut.

Es gibt sehr viele Menschen, die alles für ihren Hund tun würden. Menschen, die sich aufopferungsvoll um verwaiste, behinderte, verlassene Hunde kümmern, ihr eigenes Wohl in den Dienst der guten Sache stellen. Aber es gibt leider auch viele Menschen, denen die tiefe Empfindungsfähigkeit der Tiere verborgen bleibt, die nicht einmal bemerken, was sie mit der Seele, Geist und dem Körper des ihnen anvertrauten Tieres tun. Und leider gibt es auch die Menschen, deren eigene Machtlosigkeit in eine Machtgier und Sadismus geführt hat oder deren Unkenntnis und Gleichgültigkeit bewirkt, dass keine Hemmnis besteht, anderen Lebewesen Leid anzutun. Dazu rechne ich beispielsweise Jäger in Spanien, die ihre nicht mehr benötigten Galgos an Bäumen aufhängen und sie qualvoll ersticken lassen. Ein Schuss, eine Patrone, und dem Individuum wäre viel Leid erspart worden.

Wenn jemandem jedoch das Leben eines Tieres nicht einmal eine Patrone wert ist, dann zweifle ich an dem Wert dieses Menschen.

Zufällige Traumata: Wenn das Schicksal an die Tür klopft

Als zufällige Traumata bezeichnet man die Katastrophen im Leben, die nicht beeinflussbar sind, wie Naturkatastrophen, Unfälle, Erbeben et cetera.

Für Hunde haben einige Katastrophen noch dramatischere Ausmaße als für Menschen, da sie meist nicht entscheiden können, ob und wann sie flüchten, und sie verstehen besonders bei technischen Katastrophen (Autounfall, Stromschlag etc.) gar nicht, was geschehen ist, sondern spüren nur die Gefahr, den Schmerz, die Todesangst.

Hunde verstehen unseren Straßenverkehr nicht. Sie wissen nichts über Verkehrsregeln und sie begreifen nicht, warum Autos so schnell und so rücksichtslos auf der Straße fahren. Ein Unfall mit einem Auto auf der Straße oder als Beifahrer bei einem Menschen sind für Hunde sehr schwer zu verarbeiten, weil sie keine Möglichkeit des geistigen Verstehens, der Relativierung des Erlebten haben.

Auch Hunde sind Helfer in Krisensituationen und haben Stress bei Rettungseinsätzen, besonders in Krisengebieten. Hunde leiden unter der menschlichen Angst, mit der sie dort konfrontiert werden, den Umweltbedingungen, die ihnen trotz Übung Angst machen können und dem Stress der eigenen Menschen, die sie begleiten. Auch die möglichen körperlichen Belastungen oder sogar Verletzungen ängstigen Hunde. Kommen mehrere Umstände zusammen, können solche Einsätze traumatisierend wirkend.

Traumaverarbeitung

Traumatische Erlebnisse müssen verarbeitet werden, um das Leben des Individuums nicht weitergehend und dauerhaft zu belasten. Für Menschen geht man davon aus, dass es unterschiedliche Phasen der Traumaverarbeitung gibt, an deren Ende die Integration des Traumas in die eigene Geschichte und die emotionale Verarbeitung stehen sollte. Durch meine jahrzehntelangen Beobachtungen und Erfahrungen aus dem Zusammenleben und Begleiten traumatisierter Hunde kann ich nur schlussfolgern, dass Hunde ebenfalls unterschiedliche Phasen der Traumaverarbeitung durchlaufen. Wissenschaftlich gesehen kann nicht bewiesen werden, dass Hunde in ihren Träumen bestimmte Erlebnisse noch einmal durchleben und verarbeiten oder von Alpträumen geplagt werden. Wir alle kennen jedoch träumende Hunde, die nach besonderen Ereignissen mit geschlossenem Maul im Schlaf bellen und deren Beine wie im Lauf zucken. Warum also sollten Hunde nicht auch von Trauma-assoziierten Alpträumen heimgesucht werden? Warum sollten sie nicht unterschiedliche Phasen der Verarbeitung durchlaufen? Täten sie dies nicht, wäre es nicht möglich, traumatische Erlebnisse zu überwinden.

Im Folgenden schildere ich die Traumaverarbeitungsphasen bei Menschen, um uns eine Vorstellung von den komplexen Prozessen zu ermöglichen, die entweder zu einer Verarbeitung des Erlebten oder, gelingen diese Phasen nicht, zu einer nachhaltigen Störung führen können.

In der Schockphase findet ein ständiger Wechsel zwischen emotionaler Betäubung und überwacher Phase statt. Überstarke Erinnerungen und Amnesie, ein großes Nähebedürfnis und das Verlangen nach Abstand wechseln sich ab und es ist für Außenstehende nicht nachzuvollziehen, wann und warum sich die einzelnen Phasen wie anordnen. Die Dauer dieser Phase kann Stunden bis zu circa einer Woche anhalten.

Die Reaktionsphase ist gekennzeichnet durch Erschöpfungssymptome und intensives inneres Wiedererleben (zum Beispiel in Träumen) des Traumas. Bruchstückhafte Erinnerungen des Traumas werden in der Spontanverarbeitung schrittweise in die bewusste Erinnerung integriert. Durch die „häppchenweise" Einarbeitung der Erlebnisse wird eine Bearbeitung möglich gemacht, das Trauma sozusagen dosiert und zerlegt.

In der Erholungsphase werden schließlich Selbstheilungskräfte mobilisiert und es wird zunehmend Distanz zum Geschehen aufgebaut.

Können diese Phasen nicht durchlaufen werden, wird ein Trauma nicht bewältigt.

Trauma-Verarbeitungsstörungen: Sand im Getriebe

Je nachdem, welche Ressourcen einem Individuum zur Verfügung stehen und welche Mechanismen zur Verarbeitung eines Traumas genutzt werden können, wird eine traumatische Erfahrung gut oder schlecht verarbeitet.

Manchmal ist es, als sei Sand im Getriebe und der Verarbeitungsprozess bleibt an einem Punkt hängen. Diese unterschiedlichen Störungen können zu langfristigen Traumafolgestörungen führen, die schwer aufzulösen und zu behandeln sind. Die sicher bekannteste Traumafolgestörung ist die posttraumatische Belastungsstörung (PTBS), aber auch Depressionen, die generalisierte Angststörung und dissoziative Störungen können Traumafolgen sein. Darauf werde ich noch näher im Teil 2 (Diagnostik) und Teil 3 (Praxis) des Buches eingehen.

Fragmentierung oder die defekte Festplatte

Eine extrem starke Erregung, ausgelöst durch eine traumatische Erfahrung wie Todesangst, sehr starke Schmerzen oder eine große Hilflosigkeit in einer sehr bedrohlichen Situation kann die Gehirnfunktionen beeinträchtigen. Erinnerungen werden dann eventuell nicht als komplette Abfolge der Ereignisse unter Zuordnung zu bestimmten Emotionen, Orten, Geräuschen und rationalen Anteilen abgespeichert, sondern als affektive (starke Gefühle) Zustände, Bilder oder somatische (Körper-)Empfindungen. Das bedeutet, dass Emotionen wie Entsetzen, Angst, Abscheu, Ekel, Verzweiflung oder körperliche Empfindungen wie Herzrasen, Übelkeit, Atemnot, Gerüche oder einzelne Bilder des traumatischen Geschehens aus dem Gesamtkontext herausgenommen auf die Festplatte gebrannt werden und der Kontext zumindest zum Teil verlorengeht. Was bleibt, ist das Gefühl überwältigenden Ekels, ein unerklärliches Schamgefühl, plötzlich auftretende Atemnot und Herzrasen, aber die Einordnung und somit Verarbeitung ist nur schwer möglich.

Wir können nur vermuten, ob Hunde unter Fragmentierungen leiden. Wir wissen jedoch sicher, dass einzelne Reize stärkste Empfindungen und Reaktionen bei Hunden auslösen können. Ob Hunde in diesen Momenten die gesamte Situation erinnern können, bleibt wahrscheinlich ein Rätsel. Aber es ist vorstellbar, wie quälend es sein muss, von Gefühlen und Körperempfindungen betroffen zu sein, die nicht zuzuordnen sind, die nur ein abgrundtiefes Gefühl der Verunsicherung, des „etwas stimmt nicht“ hinterlassen.

Dissoziation: in Slow Motion weggedriftet

Fragmentierung kann bis zur kompletten Abspaltung des Erlebten führen, als Schutz der Gehirnfunktionen und der seelischen und geistigen Stabilität. Ist das Erlebte in seiner Komplexität zu groß und findet eine extrem große Überlastung der Verarbeitungskapazitäten des Gehirns statt, dann kann das Gehirn sich in einen abwesenden Zustand versetzen. Bei Menschen ist hierfür nachgewiesen, dass hierbei eine Depersonalisation (das „Ich" ist nicht real) oder eine Derealisation (die Situation ist nicht real) stattfindet. Für Mensch und Hund gilt: Körpereigene Opiate beeinträchtigen die Wahrnehmung von Geist und Körper, der präfrontale Cortex ist hypoaktiv und die Herzfrequenz sinkt. Das Individuum hat motorische Beeinträchtigungen und ist wie „weggeschaltet".

Wird nun das Gehirn durch einen Trigger, einen spezifischen Reiz, an das Trauma erinnert, findet eine Dissoziation statt, um nicht re-traumatisiert zu werden.

Ein Trigger kann potenziell jeder mit dem Trauma verbundene Reiz sein: Ein Geruch, ein Geräusch, ein Schatten et cetera sein.

Häufig kündigt sich eine Dissoziation, ebenso wie ein Flashback, durch eine Augenbewegung an. Die Augenbewegung oder auch Kopfbewegung ist immer dieselbe bei einem Individuum und löst eine Bewusstseinsveränderung aus. Die Dissoziation stellt sozusagen den Rückzug nach „Innen" dar, während ein Flashback häufig durch sichtbare Reaktionen gekennzeichnet ist.

Hunde sind in dem Zustand des „Weggetretenseins", des inneren Rückzugs nicht ansprechbar. Es wirkt, als seien sie vorübergehend „unbekannt verzogen". Der Rückzug ins Innere, der den Hund sehr passiv erscheinen lässt, kann abrupt enden und in eine übermäßige Handlung, zum Beispiel Aggression oder kopflose Flucht, münden.

Hunde sind im Moment des inneren Rückzugs nicht ansprechbar.

In einer Dissoziation ist das Körperempfinden so stark eingeschränkt, dass einigen Hunden keine Bewegung mehr möglich ist. Sie liegen regungslos, wie scheintot, und nicht selten wird dieser Zustand von einigen Menschen als „total entspannt“ wahrgenommen. Dies trifft auf die Muskelaktivität tatsächlich zu, die seelische und geistige Spannung bleibt jedoch unbewusst erhalten und nach einer Dissoziation, die dem Schutz des Individuums dient, tritt häufig eine starke Erschöpfung auf. Das Verdrängen und Ausschalten von Erinnerungen, Gefühlen und körperlicher Wahrnehmung kostet Kraft.

Lauren Lebois et al. vom Mc Lean Hospital in Belmont konnten in einer Forschungsarbeit bei 91 Frauen, die von dissoziativen Störungen betroffen sind, eine gekoppelte Aktivität von drei neuronalen Netzwerken im Gehirn nachweisen, die spezifisch für Dissoziationen sind. „Beteiligt waren erstens das zentrale exekutive Netzwerk zwischen Stirn- und hinterem Scheitellappen, das Informationen im Arbeitsgedächtnis verarbeitet, zweitens das ‚Default-mode‘-Netzwerk, das Stirn-, Scheitel- und Schläfenlappen verbindet und dann aktiv wird, wenn gerade keine Informationen zielgerichtet verarbeitet werden, etwa beim Tagträumen und drittens das Salienz-Netzwerk, zu dem die Mandelkerne zählen: Es reagiert auf auffällige Reize und beeinflusst die Interaktion der beiden anderen Netzwerke“ *(aus: Neuropsychopharmacology: Deconstructing dissociation: a triple network model of trauma-related dissociation and its subtypes, Oktober 2022).* Die Anwesenheit der „Abwesenheit“ lässt sich nun also durch die Bildgebung im MRT belegen.

„Tagträumerei“ ist eine ganz alltägliche und gesunde Form der Dissoziation, die fast alle Menschen kennen. Diese Form der Dissoziation kann bei Hunden nur vermutet werden, aber wenn ich dösende Hunde betrachte, dann drängt sich mir der Verdacht auf, dass sie genau dies tun: In den Tag träumen.

Vor vielen Jahren adoptierte ich den spanischen Mischling Reiko. Er war sehr stark untergewichtig und ängstlich. Er kam aus Malaga und war ein Straßenhund, der Schlimmstes erlebt haben musste, wie man aus seinem abgemergelten Körper, den vielen Narben und den entsetzlichen Ängsten, die ihn quälten, schließen musste. Es dauerte zweieinhalb Jahre, bis er regelmäßig gute Verdauung und Normalgewicht hatte, da der Stress des alltäglichen Lebens ihn überforderte. Nachdem er verstanden hatte, dass er in angstvollen Situationen zu mir flüchten konnte und nicht mehr das Weite suchte, erschien er recht unauffällig, da er in besonders reizstarken Situationen in sich zusammensackte, still liegen blieb und „einfach“ gar nichts mehr tat bzw. tun konnte.

Man hätte ihm Schmerzen zufügen können, die er in diesen Momenten nicht gespürt hätte. Erst im Laufe von Jahren schaffte er es, sein Trauma dahingehend zu überwinden, dass er nicht mehr automatisch „ausgeschaltet“ reagierte, sondern handlungsfähig blieb. Dafür brauchte er die verlässliche Unterstützung durch mich und meine anderen Hunde und viele Erfahrungen von Selbstwirksamkeit. Doch davon später mehr.

Wie oft höre ich von Hunden, die „einfach nicht mehr weitergehen wollen“, die „desinteressiert“, „gelangweilt“ und „passiv“ erscheinen. Selbstverständlich gibt es Hunde, auf die diese Attribute zutreffen, aber leider sind darunter auch viele, die nicht weiterkönnen, nicht aktiv sein können und keine Entscheidungskompetenzen über ihren Zustand haben.

Intrusion: Und täglich grüßt das Murmel-Monster

Ein ständiges inneres Wiedererleben des traumatischen Geschehens, ohne dass es dafür einen Auslösereiz (Trigger) gibt, ist sozusagen das Gegenteil der Dissoziation. Dies können wir bei Hunden nur vermuten, Auskunft können sie uns dazu nicht geben. Würde man die Gehirnaktivität bei betroffenen Hunden messen, würde man eine überstarke Aktivität des präfrontalen Cortex feststellen können. Während der Intrusion steigt zudem die Herzfrequenz, entgegengesetzt zur Dissoziation, stark an. Dies kann ein Hinweis auf diese Verarbeitungsstörung sein.

Flashback: Und plötzlich ist alles wieder da

Ein Flashback ähnelt der Intrusion, wird aber durch einen Trigger situativ ausgelöst. Traumatisierte Hunde können uns leider nicht sagen, was ihre Trigger sind, was das schreckliche Re-Erleben auslöst, aber wir können durch Beobachtung herauszufinden versuchen, was diese sind. Häufig kann man beobachten, dass die Hunde plötzlich den Kopf heben und zu schnuppern beginnen. Dann kann es sein, dass ein Geruch, der an das Trauma erinnert, wahrgenommen wird. Der Geruch nach verbranntem Gummi etwa, der zum Autounfall passt, der Geruch nach Schießpulver bei einem Feuerwerk, der an die Erschießung der Hundemamma erinnert. Der Geruch eines Hundes einer bestimmten Rasse, dessen Vertreter bei dem fast tödlichen Überfall einer Hundegruppe dabei war et cetera.

In einem Flashback erlebt das Gehirn das Trauma erneut. In besonders schweren Fällen spricht man von Re-Traumatisierung, da das Re-Erleben ähnlich intensiv empfunden wird wie das eigentliche Trauma. Durch Re-Traumatisierungen wird die Traumafolgestörung zementiert und eine Verarbeitung wird von Mal zu Mal schwerer.

In einem Flashback ist es möglich, dass Hunde mit Aggression gegen die Umwelt reagieren.

Es wäre schön, wenn man Flashbacks verhindern könnte und es ist sicherlich für die Heilung der Hundeseele von Vorteil, wenn dies so selten wie möglich geschieht, aber es wäre utopisch anzunehmen, dass wir alle Trauma-assoziierten Reize ausschalten könnten.

Eine Kundin beschrieb einmal, dass ihr Hund scheinbar Flugzeuge nicht mag, weil er vor einer aggressiven Attacke immer in den Himmel guckte. Diese Augenbewegung ist der „Umschaltprozess", und die dann folgende Attacke auf die nächste Person die Reaktion, die der Hund in der tatsächlichen traumatischen Situation nicht zeigen konnte.

Es kommt häufiger vor, dass Hunde in einem Flashback auch aggressives Verhalten gegenüber dem eigenen Menschen zeigen. Da das Gehirn sich aber in einem anderen Bewusstseinszustand befindet, erinnert sich der Hund nach der Attacke nicht mehr daran.

Es gibt unterschiedliche Theorien dazu, welches Individuum mit Dissoziation, Intrusion oder Flashbacks und Aggression als Traumafolgestörung reagiert.

Grundsätzlich wird angenommen, dass Dissoziationen auftreten, wenn das Trauma sehr früh und sehr existentiell gewesen ist. Geburtstraumata und Ereignisse, die hilflose

Saugwelpen betreffen, hinterlassen andere Spuren und Reaktionsmechanismen als spätere Traumata, zum Beispiel durch Unfälle oder menschliche Gewalt.

Flashbacks und Gewaltausbrüche entstehen vermutlich durch spätere Traumata, in denen der Hund eine Idee davon hat, dass ihm Unrecht oder Gewalt widerfährt und das Gehirn in den Selbstverteidigungsmodus schaltet. Diese reaktiv impulsive Wut auf einen Auslösereiz, Trigger wird bei Menschen zudem häufiger bei Männern als bei Frauen beobachtet, was auf einen Zusammenhang mit Testosteron schließen lassen könnte.

Bei Flashbacks kann man häufig beobachten, dass die Hunde plötzlich den Kopf heben und zu schnuppern beginnen.

Hetty

Hetty im Tragetuch

Hetty ist eine bezaubernde Dackel-Terrier-Mischlings-Hündin aus Rumänien. Sie wurde mit circa einem halben Jahr nach Deutschland vermittelt und ist bei einer jungen Frau eingezogen, an die sie sich mit all ihrer seelischen, geistigen und körperlichen Kraft klammert.

In den ersten Monaten war es Hettys Halterin nicht möglich, ohne sie zum WC zu gehen. Sie überwand jede Form von Begrenzung (Gitter, Zäune etc.), um bei ihrer Retterin zu sein. Die Eingewöhnung in das Zuhause ihrer Eltern, damit sie einkaufen und ein klein wenig am öffentlichen Leben teilhaben konnte, dauerte Monate.

Hetty hatte Angst vor Männern, lauten Geräuschen, Hunden und dem Alleinsein. Mit den Monaten wurde ihr Zustand stabiler, sie lernte viel und gewisse Abwesenheitszeiten wurden möglich, ebenso das Warten im Auto oder, wenn dies nicht möglich schien, das Mitnehmen, zum Beispiel auf den Wochenmarkt.

Nach über einem Jahr wurde allerdings in dem Mehrfamilienhaus, in dem Hetty mit ihrem Frauchen bis heute wohnt, mit der Sanierung von Rohren und Leitungen begonnen. Presslufthammer und ganztägig fremde Männer bevölkerten nun das Haus. Hetty erlitt einen schweren Rückschlag und warf sich schreiend zu Boden, wenn sie das Treppenhaus der Anlage betreten sollte und war nur noch auf dem Arm bis zur Wohnung zu tragen. All ihre Erfahrungen von „ausgeliefert und allein sein“ waren schlagartig wieder da.

Im Haus bestand ihre Angst weiter. Es gab keinen Ort in der Wohnung, in der sie sich zunehmend sicherer gefühlt hatte, insbesondere auf dem Bett von Frauchen, wo sie während der Bauarbeiten zur Ruhe kommen konnte. Selbst das Einrichten einer reizarmen „Höhle“ half nichts.

Glücklicherweise ist Hetty so klein und leicht, dass es für ihre Besitzerin möglich war, sie in einem Tragetuch wie ein Baby in der Wohnung mit sich zu tragen. Nur so konnte Hetty die Monate der Bauzeit überstehen und am Ende mit einem gewachsenen Vertrauen in ihre Retterin aus dieser Situation hervorgehen.

Hetty hat das große Glück, dass ihr Frauchen für sie Rückenschmerzen und ein zeitweilig sehr eingeschränktes Leben auf sich nahm. Und ihre Besitzerin hatte sich zum Glück keinen Bernhardiner ausgesucht.

In Situationen, in denen Hetty sich überfordert fühlt, reagiert sie auch mit Hochspringen und Schnappen. Das Schreien, Hinwerfen, Hochspringen und Schnappen sind ein Hinweis darauf, dass Hetty nicht in ihrer allerfrühesten Welpenzeit traumatisiert wurde. Ihre anfängliche Eigenart, nicht unter offenen Hindernissen wie Stühlen hindurchzugehen, sondern über sie drüber zu springen, immer den Weg nach „oben" zu suchen, deutet darauf hin, dass etwas „von oben" sie bedroht hat.

Sie hat furchtbare Angst vor größeren Hunden und es steht zu vermuten, dass sie während ihrer Zeit in der Auffangstation im Tierschutz von den größeren Hunden massiv angegriffen oder bedroht wurde, allein war und um ihr Leben gefürchtet hat.

Trotz der wertvollen Erfahrung sozialer Unterstützung durch ihre Halterin bleibt Hettys seelische Gesundheit filigran. Die Dosissteigerung des Lebensalltages gehen zumeist drei Schritte vor und zwei zurück und es fordert von ihrem Menschen nicht nur viel Geduld, sondern auch eigene seelische Stärke, um zu ertragen, dass Hetty vielleicht niemals „ganz normal" sein wird.

Manchmal ist Hetty noch skeptisch.

3. „Guter" Hund, „böser" Hund

Bei kaum einer anderen Spezies bewerten wir Menschen so hart und so „schwarz-weiß" das Verhalten wie bei unseren Hunden. Wir erwarten und erhoffen viel: Hunde sollen sozial, freundlich, aufgeschlossen, folgsam, orientiert am Menschen, friedlich, entspannt, begeisterungsfähig, tolerant, liebend, treu und aufmerksam sein. Gleichzeitig sollen sie, insbesondere bestimmte Rassen, stark, ausdauernd, unbestechlich, majestätisch, würdevoll, loyal, stolz und elegant sein. Hunde sollen unsere Sehnsüchte nach Freiheit, unvoreingenommener Liebe, Loyalität, Emotionalität und Natürlichkeit erfüllen und dabei selbst glücklich und unbeschwert sein.Es fällt nicht schwer, zu erkennen, dass dies nicht funktionieren kann.

Hunde sind weder „gut" noch „böse", sondern schlicht und einfach Hunde. Sozial lebende Beutegreifer mit guten und schlechten Tagen, mit Persönlichkeit und Temperament, individuellen Lebens- und Leidensgeschichten. Hunde empfinden Stress, Angst, Wut, Neugier, Langeweile, Überforderung. Hunde können hassen und lieben, sich fürchten, schauspielern und sie können richtig garstig sein. Doch genau das, was sie uns so ähnlich macht, lehnen viele Menschen ab. Sie wollen einen „guten" Hund, der freundlich ist und keine negativen Gefühle kennt.

Ängstliche Hunde werden oft als „unsicher" beschrieben. Gestresste Hunde als „aufgeregt". Ihre Emotionen werden verharmlost, verkleinert und die Tragweite für das Individuum Hund wird verdrängt. Wütende Hunde hingegen werden als „aggressiv" abgewertet.

Schwere Emotionen dürfen, wenn man sie nicht verharmlosen kann, nicht sein. Die unbestimmte Angst davor, das Tier Hund als unkontrollierbar und „wild" zu erleben, erschreckt viele Hundehalter.

Aber wie fühlt es sich an ein Leben mit ständiger „Unsicherheit", „Aufregung" oder anhaltender Wut zu führen? Was mag dem Hund durch den Kopf gehen, der jeden anderen Hund an der Leine anbellt? Das macht sicher keinem Hund Spaß.

Auch Hunde dürfen wütend sein

Aggressives Verhalten in jeder Form unterliegt einem starken sozialen Stigma. Aggressive Hunde werden von ihren Haltern als für sich selbst stigmatisierend („die anderen denken, ich schaffe es nicht, einen „netten" Hund zu erziehen") empfunden, während andere „Störungen" wie Angst und Sucht weniger Reaktionen der Umwelt hervorrufen. Der Ball-Junkie ist ein süchtiger Hund, aber die Stigmatisierung des Ball-Junkies ist nichts im Vergleich zum „aggressiven" Hund.

Menschen zeigen jedoch selbst Drohgesten, werden laut oder sogar körperlich oder seelisch verletzend, wenn sie im Interesse der eigenen Bedürfnisbefriedigung gegenüber anderen auftreten. Wenn die Bedürfnisbefriedigung längere Zeit nicht gewährleistet ist oder die eigenen Ressourcen (Geld, Besitz) in Gefahr sind, setzt der Mensch also Aggression ein, um zusammen Sicherheiten wiederherzustellen oder die eigenen Ressourcen zu schützen oder zu erweitern. Auch bei einer Gefahr für die eigene körperliche Unversehrtheit verteidigt sich der Mensch oft auf aggressive Weise.

Aggression ist sowohl bei Menschen als auch bei Hunden eine integrale Strategie zur Befriedigung von biologischen Bedürfnissen, ohne selbst ein Bedürfnis zu sein. Hunde werden nicht ohne Grund aggressiv. Motive für aggressives Verhalten entstehen aus nicht befriedigten Bedürfnissen und der Erfahrung, dass die Bedürfnisse durch aggressives Vorgehen oder das Androhen aggressiver Verhaltensweisen befriedigt werden können.

Fürchtet sich ein Hund zum Beispiel vor anderen Hunden, weil er die Erfahrung gemacht hat, dass er von anderen attackiert wurde und reagiert mit angstaggressivem Verhalten an der Leine auf das Erscheinen anderer Hunde, dann erfährt er wahrscheinlich, dass sein Gekläffe, Geknurre und in die Leine springen die anderen Hunde oder zumindest deren Halter derartig verschreckt, dass sie das Weite suchen. Der Erfolg seiner Handlung gibt ihm das Gefühl, wieder handlungsfähig in einer bedrohlichen Situation zu sein und er wird dieses Verhalten wiederholen.

Eventuell entsteht dadurch ein Gefühl der Macht, dass die zuvor erfahrene Ohnmacht überschreibt und es würde zuallererst bedeuten, diese Macht, dieses Gefühl der Selbstwirksamkeit aufzugeben, wenn er auf die aggressiven Drohungen / Handlungen verzichten würde. Es ist nur verständlich, dass Hunde erst verzichten, wenn sie sicher sein können, dass sie von ihrem Menschen so zuverlässig geschützt werden, dass sie nicht in Gefahr geraten, wenn sie sich neutral verhalten.

Obwohl in den allermeisten Fällen gute Gründe für das Aufkommen aggressiver Verhaltensweisen oder Drohungen vorliegen, wird dieses Verhalten sehr stark verurteilt und stigmatisiert. Menschen, deren Hunde laut und auffällig sind, schämen sich sehr häufig deutlich mehr, als Halter von Hunden, die offenkundig Ängste haben.

Je grundlegender das Bedürfnis ist, das verteidigt wird, desto ernsthafter wird die aggressive Handlung erfolgen, da bei Nichterfüllung des Bedürfnisses potenziell das Leben des Individuums bedroht ist. Fressen, Trinken und Schlafen sind wichtiger als Spielen, Sexualität oder Kuscheln.

Die Nahrungsressourcen motivierte Aggression ist unabhängig von dem sozialen Status des Individuums. Selbst der rangniedrigste Hund darf und wird sein Futter zu verteidigen versuchen. Trotzdem gibt es eine klare Futterrangordnung bei Hunden. Wenn aber ausreichend Nahrung vorhanden ist, sind die ranghöchsten Tiere oft tolerant. Es wird oft gemeinsam gegessen, die ranghohen Tiere fressen also nicht immer zuerst.

Angst um die eigentliche körperliche Unversehrtheit ist die intensivste Form der Aggression. Es geht dann um „to be or not to be". Das gleiche gilt für die schmerzinduzierte Aggression. Auch wir Menschen reagieren intensiv darauf, wenn uns jemand Schmerzen zufügt, und es ist vom Individuum abhängig, ob wir mit Flucht (Angst) oder Angriff (Wut oder Angstaggression) reagieren.

Besonders schwierig ist mit der abwehrenden Aggression der Hunde umzugehen, wenn sich durch bestimmte Erfahrungen, zum Beispiel beim Tierarzt, eine Schmerzerfahrung im Zusammenhang mit einem Ort, einem Geräusch oder einem Geruch eingeprägt hat und bereits die Annäherung an diesen verknüpften Reiz mit Abwehr beantwortet wird. Ich selbst bin mit meinem Ridgeback-Rüden, der eindeutig aggressiv und nicht ausweichend auf Schmerzen reagiert hat, nur mit Maulkorb beim Tierarzt gewesen. Das Risiko der Verletzung wollte ich nicht eingehen. Auf den Tierarztbesuch zu verzichten kam und kommt, hoffentlich für niemanden, nicht infrage.

Kinder und Hunde müssen leider lernen, dass es unausweichliche Erfahrungen wie zum Beispiel den Zahnarztbesuch gibt. Je sicherer wir erwachsenen Menschen für unsere Kinder und Hunde damit umgehen, je ruhiger wir bleiben können, bestimmt und zuversichtlich, desto leichter wird es für die uns Anvertrauten.

Statusaggression zur Verbesserung der eigenen Position in der Gruppe oder zum Erhalt der eigenen Position und reproduktionsmotivierte Aggression gegen sexuelle Konkurrenten ist nicht existenziell notwendig und ist abhängig von dem persönlichen Status des Hundes und der Persönlichkeit.

Unter wild zusammenlebenden Hunden verlassen die Individuen, die sich durch Statusaggression längerfristig nicht in ihrem persönlichen Status in Bezug auf die anderen Gruppenmitglieder verbessern konnten, häufig die Gruppe, um eine eigene Gruppe zu gründen.

Da der sexuelle Status (wer pflanzt sich fort?) an den sozialen Status (nur die erwachsenen, ranghohen Tiere werden Eltern) gekoppelt ist, kann auf reproduktionsmotivierte Aggression über den sozialen Status Einfluss genommen werden (soziale Kastration).

Eine klare, tiergerechte Hierarchie in der gemischten Mensch-Hund-Gruppe kann einer reproduktionsmotivierten Aggression entgegenwirken bzw. dieser vorbeugen.

Inwieweit der Mensch zum einen in der Lage ist, seinen persönlichen Status dahingehend zu entwickeln, dass der Hund sich in einer kindlichen Rolle sieht, hängt zum einen von der Persönlichkeit des Menschen, der Persönlichkeit des Hundes und der Geschlechterkonstellation in der gemischten Familie ab.

Reaktiv impulsive Wut: der explosive Vulkanausbruch

Die oben beschriebenen Formen der Aggression, die sich aus defizitärem Erleben oder einem hohen Grad an Stress, Frustration und Hilflosigkeit ergeben, sind gekennzeichnet durch eine hohe Emotionalität. Der Hund ist in seiner aggressiven Handlung nicht ansprechbar, sein Handeln ist nicht rational und er kann nicht abwägen, ob sein aggressives Vorgehen tatsächlich Aussicht auf Erfolg hat. Er reagiert auf eine (scheinbare) Bedrohungslage oder ein bereits länger bestehendes Defizit-Gefühl, welches sich durch Stressempfinden und Frustration aufgestaut hat und impulsiv zum Ausdruck kommt.

Dabei kann die gestaute, hoch emotionale Wut auch jemanden treffen, der gar nicht ursprünglich Auslöser der Wut, sondern einfach zur falschen Zeit am falschen Ort war. Oder die Wut wird an jemandem „abgelassen", bei dem der Hund weiß, dass ihm daraus keine neue Gefahr erwachsen kann, aber ein (kurzzeitiges) Gefühl der Handlungsfähigkeit und Macht entsteht. Das können auch Familienmitglieder (Mensch und Hund) sein, die als wenig bedrohlich empfunden werden, aber schwächere Hunde, denen man beim Spaziergang auf der Wiese begegnet. Auch aggressive Handlungen, die sich aus einer akuten Bedrohungslage ergeben, sind reaktiv impulsiv und wenig berechnend und berechenbar.

Unsichere Drohung im spielerischen Kontext: Alle Zähne werden gezeigt, langer Mundwinkel.

Kontrolliert instrumentelle Wut, oder: Alles eine Frage der Berechnung

Den eigenen Status zu erhöhen, indem man zum Beispiel einen Liegeplatz an einer besonderen Position zu erobern versucht, einen Stock zu verteidigen oder nach dem Fressen Beutereste für sich zu beanspruchen, Annäherung eines anderen Individuums zu untersagen etc. wird aus einer anderen emotionalen Lage als die „heiße“ Wut genährt.

Die Aggression wird eingesetzt, um sich im persönlichen Status zu verbessern (Jugendliche nehmen anderen Jugendlichen Markenkleidung, Handys etc. weg). Die aggressive Handlung ist geplant, berechnet und wird bewusst eingesetzt. Sie ist ein Instrument zum Erreichen der eigenen Ziele und hat nichts mit existentiellen Bedürfnissen, sondern mit „Luxus erlangen“ zu tun. Hierbei bleibt der Verstand eingeschaltet, der Hund agiert, weil er sich Chancen auf Verbesserung ausrechnet oder empört über das Verhalten eines anderen ist, das ihn (scheinbar) in seinen Rechten beschneidet.

Sichere Drohung von beiden Hündinnen: Kurzer Mundwinkel, Falten auf der Nase, fixierender Blick, Ohren nach vorne, Vorderzähne werden gezeigt, kurzer Mundwinkel.

Die Psyche hat immer recht!

In jeder Phase des Hundelebens gibt es wundervolle Höhen, aber auch tiefe Abgründe zu überwinden. Ganz besonderen Einfluss auf die Entstehung von Resilienz haben jedoch die Hindernisse, die glückseligen Momente, das Empfinden von Geborgenheit und Liebe am Anfang eines Hundelebens. Resilienz ist die Kraft, mit den Widrigkeiten des Lebens umzugehen. Am allerwichtigsten sind hierbei die Geburt und die ersten vier bis sechs Wochen, in denen der Welpe unreflektiert erlebt und alles Erfahrene speichert. In dieser Zeit wird, wie bei Menschen-Kindern in den ersten sieben Lebensjahren, ein Muster für spätere Beziehungen, Bindungen, Resilienz, Stressverarbeitung und Bewertungen von Situationen (gefährlich oder nicht) gebildet.

Späteres therapeutisches Einwirken durch sachkundige Menschen, positive Lebenserfahrungen, stabile Beziehungen und ein sicheres Lebensumfeld können die Psyche des Hundes stabilisieren, aber die allerersten Erfahrungen können nicht gelöscht werden.

Die Hoffnung von uns Menschen „Aber jetzt hat er es doch gut. Warum hat er denn noch Angst?" ist die Bewertung der Situation aus der eigenen Wahrnehmung heraus. Sie ändert jedoch an der psychischen Ausgangssituation des Hundes wenig. Es gibt keinen Schalter, den ein Hund umlegen könnte, keine „jetzt ist alles gut" Erkenntnis, die in dem Moment eintritt, wenn ein Mensch dem Hund sein Halsband und eine Leine umlegt und ihn mit nach Hause nimmt. Selbst Hunde, die auf eine glückliche Welpenzeit zurückblicken können, brauchen Zeit, um Vertrauen in neue Menschen und Situationen aufzubauen. Wie sollte es da einem Hund ergehen, der kaum positive Erfahrungen (mit Menschen) machen konnte?

Wir werden uns in Geduld üben müssen, unseren Hunden Zeit geben und unsere Erwartungen zurückschrauben müssen, denn ebenso wenig wie wir unsere Psyche überlisten können, mit „Alles ist gut", wenn nicht alles gut ist oder war, so wenig können das Hunde. Die Akzeptanz des Ist-Zustandes stellt die Grundlage für eine zufriedene gemeinsame Zukunft dar.

Betrachten wir nun im Weiteren den körperlichen Aspekt am psychischen Erleben.

4. Bewegung ist Leben

Damit Blut in den Adern fließen kann, braucht es ein pulsierendes Herz, ein Atemzug benötigt ein bewegliches Zwerchfell und jedes Blinzeln ist das Ergebnis von Muskelkontraktionen: Leben ist Bewegung! Erst wenn der letzte Atemzug getan ist, die Zellen sich nicht mehr teilen und nur noch die Energie des Bewusstseins im universellen Raum übrig ist, ist das irdische Leben erloschen.

Vom Einzeller bis zum Säugetier, vom Grashalm bis zum knorrigen Baum ist die Welt in Bewegung und jedes Individuum muss in dieser bewegten Welt seinen Platz finden, sich einen Standort suchen, sich im Raum bewegen. Jeder steht mit dem ihn umgebenden Raum im Austausch und ist abhängig von ihm. Ohne den physisch sensorischen Kontakt zu unserer Umwelt würden wir und ebenso unsere Hunde sterben.

Diese Worte zu schreiben, bedeutet die Tastatur zu berühren, auf einem Stuhl zu sitzen, die Füße auf den Boden zu stellen, zu atmen, zu blinzeln, mit den Augen den Zeilen zu folgen und selbstverständlich auch zu denken.

Durch die geistige Bewegung gewinnt die körperliche Bewegung an Sinnhaftigkeit und gezieltes Handeln wird möglich. Durch vegetative, unbewusste Bewegungen werden Atmung, Verdauung als Grundlage des Seins garantiert.

Und die Freude über eine geglückte Handlung, in meinem Falle das geschriebene Wort, sorgt für ein körperliches und geistiges Wohlbefinden durch Serotonin-Ausschüttung, Spannung im Gewebe wird abgebaut.

Anspannung ist erstarrte Bewegung

Stellen wir uns einmal vor, dass wir in einem Raum sitzen und schreiben. Die Gedanken formen Sätze, die von den Fingern in die Tastatur eingegeben werden. Die Füße stecken in Strümpfen, ein Bein ist übergeschlagen, der Fuß des anderen Beines berührt den Boden. Die Schuhe stehen daneben auf dem Boden. Alles ist gut.

Plötzlich sackt der Boden unter den Füßen weg, der Magen zieht sich blitzartig zusammen, der Kaffeebecher, der neben dem Laptop stand, fällt um und ergießt sich über die Schuhe, ein stechender Schmerz schießt in die Ohren, der Raum neigt sich zur Seite und beim Blick aus dem Fenster wird deutlich: Die Welt sieht schlagartig anders aus. Das Zwerchfell zieht sich zusammen, eine Gänsehaut überzieht schauerartig den Körper, gefolgt von glühender Hitze, die Atmung fällt schwer, das Herz rast...

Was ist passiert? Das Flugzeug, in dem wir sitzen, ist in einem „Luftloch" etliche Meter abgesackt und in eine Schräglage geraten. Der Pilot korrigiert die Schräglage, erklärt die Turbulenzen, bittet um Verständnis und alles ist schon fast wieder gut. Der Kaffeeschaden ist mittels vom Bordpersonal gereichten Papiertüchern schnell behoben und wir wissen uns in guten Händen eines erfahrenen Piloten.

Unser Körper war darauf nicht vorbereitet und hat Alarm geschlagen, wir haben eine kurze, heftige Angstattacke erlebt, aber unser rationaler Verstand, unser Denkvermögen hat schnell wieder die Kontrolle übernommen. Zum einen, weil wir uns durch die Erklärung logisch erschließen konnten, was geschehen ist und zum anderen, weil wir grundsätzlich bereits vor Beginn des Fluges wussten, dass ein Flugzeug nun einmal nicht am Boden fährt, sondern in der Luft fliegt.

Für den kleinen Hund einer Mitpassagierin drei Reihen weiter vorn, der fast aus seiner kleinen Tragetasche gefallen wäre, sieht das schon ganz anders aus. Er hat sich fürchterlich erschreckt. Er verharrt bewegungslos in der Position in seiner Tragetasche, in die ihn das Luftloch befördert hat. All seine Muskeln sind wie erstarrt, er ist kurzfristig nicht ansprechbar und Frauchen macht sich ein bisschen Sorgen. Er rutscht aber nach einer Weile wieder in die Mitte der weichen Mulde der Tasche und wird von seinem Frauchen gestreichelt. Er versteht, dass er nicht allein ist und da Frauchen eine erfahrene Passagierin ist, er sie häufiger begleitet und so bereits Erfahrungen mit Kontrollverlust machen musste und diesen ohne größeren Schaden überstanden hat, beruhigt er sich nach einer Weile und döst weiter.

Die zwei Hunde der Familie mit den drei süßen Kindern aus Reihe 12, die jeweils in einer Transportkiste im Laderaum sitzen, hatten gerade Todesangst.

Die junge Hündin, die das erste Mal mit in den Urlaub fliegt, hat in ihrer Panik in die Box gemacht. Sie winselt leise, will raus aus der Box, will weglaufen. Zu ihrem großen Bruder, der auch irgendwo hier sein muss. Zu ihren Menschen, die nicht zu finden sind. Aber Bewegung ist nicht möglich und rationales Begreifen und Verstehen der Situation auch nicht. Vor Schreck hat sich das Zwerchfell so massiv zusammengezogen, dass ihr das Atmen schwerfällt und sie ganz flach atmen muss. Die Pfoten, mit denen sie reflexartig versucht hat, sich an die verrutschte Unterlage zu krallen, schmerzen, die Muskeln im Rücken ebenfalls, obwohl sie sich nicht sichtbar verletzt hat. Und so speichert jede Zelle den

Schreck, das kurze Entsetzen, den Kontrollverlust, den Moment der Ohnmacht. In der Erinnerung verbunden mit dem Ort, der Box, der Beleuchtung, den Geräuschen. Und keiner kann ihr erklären, was gerade passiert ist. Es war nur ein Luftloch.

Geistige, seelische und körperliche Bewegung machen uns flexibel und ermöglichen die Reize und Erfahrungen durch und in dieser Welt zu verarbeiten, eine Haltung dazu zu entwickeln und durch selbst gewählte Bewegung Spannung anzubauen.

Einer Situation ohne Handlungsoption ausgeliefert zu sein, verursacht Spannung, die sich das Gewebe „merkt". Muskulatur verspannt sich im Schreck und diese Anspannung kann insbesondere von Hunden, die wenig sichere Freiräume zur Bewegung und häufig kaum Selbstwirksamkeit haben, kaum wieder abgebaut werden. In Faszien, Muskulatur und Organen wird die Anspannung gespeichert. Je mehr Spannung im Gewebe ist, desto unflexibler ist es. Wir alle kennen den verspannten Nacken nach Stress und Anspannung und wissen, wie es sich anfühlt, sich dadurch nur eingeschränkt bewegen zu können. Warum sollte es unseren Hunden anders gehen?

Auch Hunde weichen Schmerzen aus, nehmen Entlastungshaltungen ein, kriegen einen aufgewölbten „Rundrücken", wenn die Rückenmuskulatur verspannt ist. Schmerz auszuweichen liegt in unserer und unserer Hunde Natur. Beweglichkeit geht verloren und der Körper fühlt sich irgendwann an wie in einem Panzer, wird ein Gefängnis. Bewegung macht dann keine Freude mehr und wir oder Hund wird immer verspannter. Ein Teufelskreis, den wir durchbrechen können.

Und wenn ein Hund körperlich verspannt ist, verliert er auch einen Teil seiner seelischen und geistigen Beweglichkeit. In Begegnungen mit anderen Hunden und Menschen nicht über den vollen körperlichen Bewegungsspielraum zu verfügen, kann Hunde verunsichern und sie beginnen Situationen zu meiden oder abwehrende Verhaltensweisen zu entwickeln.

Schmerz, Spannung und mangelnde Flexibilität erzeugen Erstarrung, Trägheit, Hemmung, Angst, Meideverhalten und Aggression. Versuchen wir dann mit „Erziehung" unseren Hund „auf den richtigen Weg" zu bringen, wird die gut gemeinte Unterstützung eventuell ein Verstärker, da sich ja an den Ursachen des Verhaltens nichts geändert hat.

Wir können den Hund darin unterstützen, die Ursachen für sein abwehrendes, vermeidendes, unwirsches, ungeduldiges oder ängstliches Verhalten, für Erstarrung und Spannung zu verarbeiten, indem wir ihm ermöglichen, wieder in Bewegung zu kommen.

Wir bieten ihm einen Erfahrungsraum der motorischen Förderung, der es ihm ermöglicht, spielerisch ins Handeln zu kommen, weg von der Hilflosigkeit und Ohnmacht. Doch dazu mehr in „Behandlung".

Die Behandlung ersetzt nicht das Handeln, die gespürte, sinnhafte Selbst-Bewegung. Aber sie ermutigt und stützt das gesamte Psyche-Körper-Geist System des Hundes zur Selbstwahrnehmung und daraus resultierend zur Selbst-Bewegung.

Leo wird behandelt.

5. Emotionen und ihr Widerhall im Körper

Säugetiere haben Gefühle, sie spielen, freuen sich, leiden, haben Angst und können wütend sein. Das gilt für Menschen, Hunde, Pferde und auch Schafe. Wir alle wissen, das zu viel Stress ungesund ist, dass Ängste den Magen zusammenschnüren können, unterdrückte Wut den Blutdruck „hochtreibt“ und Trauer uns die Kehle zuschnürt. Gefühle wirken sich auch körperlich aus, und wenn sie nicht ausgelebt werden dürfen oder können, dann wirken sie unbewusst, psychosomatisch, machen krank.

Spannung und Entspannung sind wie Ebbe und Flut, Sonne und Mond

Bewegung entsteht aus Spannung und Entspannung. Die Arm- und Beinmuskulatur spannt an und entspannt. Nur so ist das Laufen möglich. Einatmen und Ausatmen wird durch die An- und Entspannung des Zwerchfells ermöglicht, die Lunge selbst wird durch das Zwerchfell bewegt, sie ist kein Muskel. Blut zirkuliert, weil der Herzmuskel sich an- und entspannt. Magen, Darm, die Beckenorgane Blase und Gebärmutter können an- und entspannen. Spannung und Entspannung werden durch Nerven des vegetativen Nervensystems gesteuert. Die berühmtesten Nerven hierbei sind sicherlich der Vagusnerv, der unter anderem dafür verantwortlich ist, wenn uns aus Ekel schlecht wird, und der Trigeminusnerv, der sowohl die Gesichtsmuskulatur „befehligt“, für Tinnitus, Kieferschmerzen und einige Migränearten „zuständig“ ist.

Wenn ein Individuum psychisch angespannt ist, dann bewirken unter anderem diese Nerven, dass Menschen nachts mit den Zähnen knirschen oder dass einem vor wichtigen Terminen schlecht wird.

Die Spannung von Muskulatur und Organen wird von unserer Psyche beeinflusst. Wir wissen, dass Sportler in „belasteten“ Situationen nicht ihre beste Leistung erbringen können und Sänger ihre Stimme durch Stress (vorübergehend) verlieren können. Eine Stimmbandlähmung ist kein Ereignis, dass durch Bakterien oder Viren hervorgerufen wird, sondern durch „pure“ Anspannung, die durch den Vagusnerv nicht erfolgreich zur Entspannung gebracht werden konnte. Ein Schrei, der im Hals stecken bleibt, die Unfähigkeit, in einer bedrohlichen Situation um Hilfe zu rufen, die Unkontrollierbarkeit der Bewegungsmuskulatur, wenn man eigentlich weglaufen sollte, sind die Extreme der Verknüpfung unserer Gefühle mit Spannung und Entspannung.

Hunde dürfen viele ihrer Gefühle nicht ausdrücken. Wütende Hunde werden in unserer Gesellschaft nicht gern gesehen. Hunde sollen nett, liebevoll, stets gut gelaunt, kurz

„die besseren Menschen“ sein. Und Hunde lernen ihre Gefühle „runterzuschlucken“, zu kompensieren, lenken sie um, zeigen „Übersprungsverhalten“, „schnuppern sich weg“, zerschreddern kiloweise Stöckchen, zerstören Sofakissen, Schuhe und graben Blumentöpfe um. Das ist Spannung, die sich entladen muss, durch Gefühle entstanden, die nicht sein dürfen.

Als sensible Behandler spüren wir diese Spannungen im festen Gewebe der Hunde. Wenn ein Hund bei gleichbleibendem Tempo vom Wechselschritt in den Passgang fällt, dann hat sich wahrscheinlich schlagartig seine Rückenmuskulatur als Reaktion auf einen Stimulus so angespannt, dass die Wirbelsäule, umgeben von nun „bombenfesten“ Rückenmuskeln, nicht mehr biegsam ist und vom Wechselschritt unwillkürlich in den Kamelgang (Passgang) gewechselt wurde.

Ein aufgewölbter Rücken, spontaner Durchfall, flacher Atem oder Luftanhalten, plötzlich auftretende Kratzattacken („es juckt ihn“) sind Anzeichen von übermäßiger Spannung. Diese kann durch Angst, Wut oder Empörung ausgelöst sein und sollte sich lösen dürfen. Sonst werden Hunde krank. Ebenso wie wir Menschen, die mit verklemmtem Zwerchfell oder Kreuzbein umherlaufen und uns einrichten in einem Alltag mit überschüssiger Spannung.

Angst und Muskulatur: „Lass doch einfach mal locker“ ist leicht gesagt

Angst verursacht Spannung, Einige Hunde verkrampfen zum Beispiel aus Angst vor unbekannten und glatten Untergründen so sehr, dass sie nicht auf ihren Pfotenballen, sondern auf ihren Krallen laufen und unglücklicherweise dabei ins Rutschen kommen und so noch mehr Unsicherheit entwickeln. Wir Menschen halten uns zum Beispiel verkrampft an den Armlehnen unseres Flugsitzes fest, wenn wir Angst im Flugzeug haben, obwohl wir wissen „Es ist nur ein Luftloch“. Unsere Rückenmuskulatur verspannt, wenn wir „angespannt“ sind, wir erleben diese Symptomatik, obwohl wir, anders als Hunde, rational dagegen steuern könnten. Die Anspannung der Angstmuskulatur, besonders im Rücken und den kurzen Brustmuskeln, geschieht unwillkürlich und entzieht sich überwiegend der rationalen Kontrolle.

Das Filtersystem des Gehirns (Thalamus) unterscheidet zwischen wichtigen und unwichtigen Reizen, also darüber, ob ein Stressor vom Gehirn „verarbeitet“ werden muss oder als irrelevant verworfen wird. Die Intensität, mit der auf einen relevanten Reiz reagiert wird, nennt man Erregungsgrad (Arousal). Je höher der Arousal, desto mehr wird das gesamte Körpersystem für den Notfall, die Gefahr aktiviert. Bei einem „Hyper-Arousal“ wird der gesamte Körper alarmiert und es entsteht ein sehr hoher Erregungsgrad, der sich auf die gesamte Muskulatur auswirkt. Dazu gehören auch Organe wie Magen, Herz und der Darm. Und darüber hinaus das Zwerchfell, die Beckenbodenmuskulatur, das Bindegewebe (Faszien) und die Haut.

Ein starkes Angstempfinden wirkt also auf die gesamten Körpergewebe. So erstaunt es nicht, dass ein Individuum, das in einem andauernden Zustand von Angst leben muss, weil es, wie ein Hund in unserer Gesellschaft, aktiv wenig zum Abbau der eigenen Angst beitragen kann (Hunde können ja schlecht selbst zum Therapeuten gehen), langfristige Auswirkungen der ängstlichen Spannung zu erwarten hat. Aus einem ständigen Hyper-Arousal kann zum Beispiel eine Erschöpfungs-Depression (Burn Out) entstehen.

Angst, Muskulatur und Knochen: Im Schraubstock gefangen

Die Spannung der Organe wirkt auch auf knöcherne Strukturen im Körper. Genau wie bei uns Menschen sind die Organe der Körperhöhle von Bindegewebshüllen (Faszien) umgeben und in diesen am Skelett „aufgehängt". Würden die Organe wie Leber, Darm, Magen, Nieren und so weiter in der Faszienhülle nicht an der Wirbelsäule befestigt sein, würden sie zusammengeklumpt herunterhängen. Die Aufhängung an den einzelnen Wirbelkörpern ermöglicht zum einen die optimale Versorgung durch die aus dem Wirbelkanal austretenden Nerven als auch die räumliche Fixierung, um den Körper nicht in „Unordnung" zu bringen. Hierbei haben die Organe jedoch so viel Spiel in der flexiblen Aufhängung, dass jeder Atemzug und auch jeder Herzschlag, die Bewegungen des Magens, der Därme etc. möglich ist.

Im Moment der Angst verspannen die Organe jedoch so plötzlich, die Muskulatur blockiert förmlich, dass „einem der Atem stockt", „das Herz rast" oder „die Eingeweide sich zusammenziehen". Bei jedem Zusammenziehen entsteht ein Zug durch die Organe und Faszien an der Wirbelsäule und die Zugkräfte des eigenen Körpers sind auf Dauer so stark, dass sich Auswirkungen an den Knochen zeigen. Eine Verspannung des Kreuzbeins / Iliosakralgelenks, Blockaden an den Wirbeln, Bandscheibenvorfälle und Abnutzungserscheinungen an den Gelenken, unter anderem durch Fehlbelastungen, können durch Organspannungen verursacht werden.

Auf zur sensiblen Spurensuche

Wir Hundehalter haben gegenüber Therapeuten den Vorteil, unseren Hund im Alltag öfter "mal eben so" anzufassen. Beobachten, Hinspüren und -fühlen gibt uns wertvolle Hinweise!

Es ist möglich, Spannungen im Hundekörper zu erfühlen. Dafür brauchen wir ein hohes Maß an Feinfühligkeit und Sensibilität. Wir sind jedoch als Hundehalter eher als Therapeuten in der Situation unsere Hunde „mal so eben“ anfassen zu können. Daheim, im Wohnzimmer, nach einem schönen gemeinsamen Ausflug und in aller Ruhe.

Wir können außerdem unsere Hunde in ihren alltäglichen Bewegungen beobachten oder bei uns im Wohnzimmer Situationen herstellen, in denen wir die Hunde bei bestimmten Aufgabenstellungen genau betrachten können. Wir machen uns ein Bild. Spüren und fühlen uns ein. Daraus ergibt sich ein neues, umfassendes Bild unserer Hunde, ihrer körperlichen und seelischen Spannung.

Wir haben nun im ersten Teil dieses Buches erfahren, wie vielfältig die scheinbar alltäglichen Einflüsse sind, die unsere Hunde seelisch und körperlich beeinträchtigen können. Das scheinbar ganz normale Hundeleben hinterlässt Spuren, die wir fühlen und sehen können. Auf in die Diagnostik!

Teil 2
Diagnostik

Im zweiten Teil dieses Buches möchte ich nun die Möglichkeiten der Ursachenforschung erläutern, die auch für die „normalen" Hundehalter ohne medizinische, physiotherapeutische oder osteopathische Vorbildung anwendbar sind.

Hierbei soll es darum gehen, körperliche und psychische Ursachen für Verhalten, Bewegung und Emotionen zu unterscheiden.

Ist ein Hund zum Beispiel ängstlich, weil er Schmerzen hat (zum Beispiel durch eine Wirbelblockade, Hüftdysplasie, Arthrose et cetera), oder hat er Schmerzen, weil er angespannt und ängstlich ist (zum Beispiel durch eine traumatische Erfahrung)?

Ich verwende den Begriff „Diagnostik" unabhängig eines „Heilungsversprechens". Ich leite hier den Begriff Diagnostik von dem Begriff „Motodiagnostik" aus der Motopädagogik ab, der verschiedene Testverfahren beschreibt, mittels derer motorische Defizite und Hinweise auf Hirnschädigungen bei Kindern erfasst werden.

Ab Kapitel 15 beschreibe ich die meiner Meinung nach sinnvoll auf Hunde anzuwendenden Testverfahren bezüglich der Entschlüsselung von Grob- und Feinmotorik, Wahrnehmung und Verhalten, sodass es auch für engagierte Hundehalter möglich sein wird, Ursachenforschung hinsichtlich des sichtbaren Verhaltens und dessen möglicher Auslöser und Hintergründe zu betreiben.

Neben der Beschreibung von Motorik, Sensorik und Propriozeption von Hunden, die wir beobachten und analysieren können, stelle ich mehrere Tabellen vor, die dabei helfen können, Motorik, Koordination und Sensorik einzuschätzen. Zudem erläutere ich die Funktion von Faszien, deren Spannung uns Aufschluss über Spannungszustände von Muskeln, Organen und sogar Gelenken geben können.

Die Methoden der Beobachtung ersetzen natürlich in keinem Fall eine medizinische oder physiotherapeutische Diagnose.

Zeigt ein Hund Schmerzen oder haben wir den Eindruck, dass die Motorik oder Beweglichkeit unseres Hundes sich verändert hat, dann sollte ein Gang zum Tierarzt mit umfassenden diagnostischen Möglichkeiten selbstverständlich sein.

Zu Auffälligkeiten gehört auch das vermehrte Strecken, oder eben Nicht-Strecken, nach dem Aufstehen, was sowohl auf Erkrankungen des Halteapparats (Knochen, Bänder, Sehnen, Muskulatur) als auch auf innere Erkrankungen wie zum Beispiel Bauchschmerzen bei einer Bauchspeicheldrüsen-Problematik hinweisen könnte.

Grundsätzlich ist es wertvoll, den eigenen Hund in seinen Bewegungsabläufen immer mal mit dem Handy zu filmen und so jederzeit einen Vergleich zu eventuellen Veränderungen zu haben. Zudem können die Filme dem Tierarzt-Team, Physiotherapeut, Osteopath et cetera helfen, schnelle und ganzheitliche Diagnosen zu stellen.

1. Was war zuerst? Die Henne oder das Ei?

Motorik: Der bewegte Körper

Alle Bewegungsabläufe des Körpers, die durch das Gehirn gesteuert werden, werden als Motorik bezeichnet. Auch die Bewegungen von Organen, wie zum Beispiel die Bewegung des Magens oder des Darms (Peristaltik), gehören zur Motorik.

Wir kennen bei Hunden die spontane Darmentleerung mit Durchfall und vermehrtes Hecheln als Reaktionen auf Stressoren. Der Zusammenhang zwischen psychischen Faktoren und Bewegung ist also unübersehbar.

Es wird unterschieden zwischen Grobmotorik, den größeren Bewegungshandlungen wie Gehen, Laufen, die ein frühes Stadium des Erlernens von Bewegungsabläufen kennzeichnet, und Feinmotorik, die im Laufe der Entwicklung der Bewegungskoordination erreicht werden kann.

Grobmotorik beschreibt die Aktivität der großen Muskeln, insbesondere die der Fortbewegung, aber zum Beispiel auch das Greifen mit dem Maul nach großen Gegenständen, während Feinmotorik die Koordination kleinerer Muskeln meint. Einen Stock zu greifen oder an einem Seil zu zerren ist Grobmotorik, ein rohes Ei mit dem Maul zu tragen ist Feinmotorik.

Es gibt viele Hunde, die lebenslang Grobmotoriker bleiben, die entweder rennen oder schlafen, die sich nicht dosieren können und der sprichwörtliche Elefant im Porzellanladen sind. Ihre Menschen hadern mit der nicht erlernbaren Leinenführigkeit, der ruppigen Kontaktaufnahme mit anderen Hunden und besuchen eine Hundeschule nach der anderen.

Einige Hunderassen neigen dazu, sich „grob“ zu bewegen. Sie wurden dazu gezüchtet, sich großem und wehrhaften Wild wie Wildschweinen oder Hirschen entgegenzustellen, Kühe zu hüten oder sich anderen Gefahren zu stellen, ohne dabei übermäßig an Selbstschutz zu denken: Sie sind genetisch bedingt weniger körperlich sensibel, haben häufig eine „raue Schale“. Dabei wird allzu oft übersehen, dass in der rauen Schale ein weicher Kern steckt, der sich durch die raue Schale mitunter schlecht mitteilen kann, da er in einem starken, spannungsgeladenen Körper gefangen ist.

Zu diesen Rassen gehören zum Beispiel die doggenartigen Hunde, inklusive der kleinen französischen Bulldogge und die Boxer, aber auch die sogenannten Solitairjäger wie Terrier, die sich todesmutig großen Konkurrenten wie Dachs, Wildschwein und Fuchs entgegenstellen.

Auch der körperlich robuste Hund mit der rauen Schale und dem weichen Kern leidet potenziell, wenn er nicht im Laufe seines Lebens Feinmotorik erlernt: Andere Hunde reagieren ablehnend auf Kontaktversuche, die angespannte Unzufriedenheit des Menschen vergrößert die Spannungen des Hundes, die es für ihn fast unmöglich macht, sich feiner zu dosieren.

Solche Hunde brauchen unsere Unterstützung, eine motorische Förderung, die in einem an sie angepassten Tempo positive Selbsterfahrung, Selbstwahrnehmung und daraus resultierend auch Selbstwirksamkeit ermöglicht.

In der „privaten" Diagnostik für zuhause sind wir also zuallererst in einer Beobachterrolle und stellen Situationen her, die uns Aufschluss über die Motorik, Sensorik, Sensibilität und Koordination geben.

Gangarten: Von Takt und Rhythmus

Schritt ist eine Viertaktbewegung und die langsamste Gangart des Hundes. Die Pfoten werden z. B. rechts vorne, links hinten, links vorne, rechts hinten nacheinander gesetzt. Im Schritt gibt es keine Schwebephasen, das bedeutet, dass sich mindestens zwei Pfoten immer auf dem Boden befinden. Der Trab ist eine Zweitaktbewegung, wobei sich die Pfoten vorne rechts und hinten links und vorne links und hinten rechts gleichzeitig auf dem Boden befinden. Es ist also ein Wechselschritt. Zwischen den Schritten gibt es aber eine Schwebephase, die sich aus dem Schwung des weiten Abstoßens vom Boden ergibt. Dieser Schwung und die Schwebephasen bewirken, dass bei einem gesunden Hund der Trab die Gangart ist, die am wenigsten Kraft benötigt und auf lange Distanzen durchgehalten wird.

Der Trab ist eine Zweitaktbewegung, bei der sich immer ein diagonales Beinpaar gleichzeitig am Boden befindet.

Galopp ist eine Dreitaktgangart, bei der das Aufsetzen einer Pfote, z.B. links hinten gefolgt wird vom zeitgleichen Aufsetzen von rechts hinten und links vorne (Linksgalopp) und dann der verbleibenden vierten Pfote rechts vorne. Der Rechtsgalopp hat die Abfolge rechts hinten, links hinten und rechts vorne, dann links vorne. Galopp ist die schnellste Gangart.

Der Galopp ist eine Dreitaktgangart.

Die Gangart, die die meisten gesunden Hunde hauptsächlich zur Fortbewegung nutzen, ist der Trab. Schritt ist eine sehr kraftfordernde Gangart, da keine Schwebephasen vorkommen, jeder einzelne Schritt gesetzt werden muss und der Schwung der Bewegung nicht entsteht.

Die meisten mittelgroßen und großen Hunde gehen im Schritt langsamer, im Trab jedoch schneller als wir und so ist das „an der Leine gehen" für viele Hunde ein mühsames Unterfangen, weil sie ständig ihr Tempo kontrollieren müssen, um uns weder davonzulaufen noch hinterherzuhinken. Ein laufender Mensch (Jogger) hat ein viel angenehmeres Tempo für die meisten Hunde, es sei denn, es ist ein äußerst trainierter, ehrgeiziger Mensch, der mit einem untrainierten Hund läuft.

Wenn wir Hunde unterwegs beobachten, werden wir feststellen, dass sich etliche Hunde gar nicht oder nicht ausschließlich in den beschriebenen Gangarten bewegen.

Hunde können sowohl im Schritt als auch im Trab in den Passgang wechseln. Dabei werden die Pfoten dann entsprechend der Gangart nicht mehr diagonal gesetzt, sondern gleichseitig. Das bedeutet vorne rechts mit hinten rechts und vorne links mit hinten links. Der Hund sieht dann aus, als ob er hin und her schwankt.

Beim Passgang wird der Rücken zwar von links nach rechts geschoben, aber es finden keine Drehbewegungen in der Wirbelsäule statt, wie sie beim Wechselschritt der Fall ist. Das bedeutet, dass Hunde, wenn sie bei gleichbleibendem Tempo von einer Wechselschritt-Gangart (Schritt oder Trab) in den Passgang wechseln, entweder aufgrund von plötzlich auftretenden Schmerzen, zum Beispiel aufgrund einer Hüftdysplasie, oder Verspannungen im Rücken aufgrund einer angespannten Situation die Drehbewegungen im Rücken und den höheren Kraftaufwand des Wechselschrittes unbewusst vermeiden.

Bemerken wir also, dass ein Hund immer wieder bei gleichbleibendem Tempo in den Passgang fällt, dann sollten wir abklären (lassen), ob psychisches oder körperliches Unwohlsein oder Schmerzen dies verursachen.

Entlastungshaltungen/-bewegungen wie der Passgang oder Fehlbelastungen von Gelenken, wie zum Beispiel das „Popo-Wackeln" (Twisten) oder das weite Unterstellen im Stand von einer oder beider Hinterpfoten, um die Belastung für das andere Bein zu minimieren oder mehr Gewicht nach vorne auf die Arme zu verlagern, sind keine „Macke" eines Hundes, sondern ein Hinweis auf körperliche Schmerzen oder Missempfindungen, die einer Klärung bedürfen.

Koordination: Auf die Feinjustierung kommt es an

Koordination bedeutet das Zusammenspiel von Muskulatur und deren feine Steuerung durch Impulse aus dem Nervensystem. Durch Koordination wird die Anpassung von Bewegungen an unterschiedliche Anforderungen möglich. So wird zum Beispiel die Schrittweite und -höhe den Vorgaben eines Hindernisses angepasst.

Insbesondere das Zusammenspiel der vorderen Extremitäten (der Arme des Hundes) und der hinteren Extremitäten (der Beine des Hundes) bedarf einer exakten Steuerung. Viele Hunde können mit den Armen Treppen steigen, aber die Beine bleiben stehen. „Vorne weiß nicht, was hinten geschieht" und umgekehrt. Diese Hunde sind oft ängstlich oder schnell wütend. Die Frustration über „den Knoten im Körper", der sie in der Bewegung behindert, lässt sie Herausforderungen (unterschiedliche Untergründe, Treppen, Rampen etc.) meiden. Nicht wenige werden schnell ungeduldig oder sogar wütend, weil sie immer wieder mit Misserfolgen in den alltäglichsten Situationen konfrontiert sind.

Wir Menschen versuchen dann eventuell Leckerchen auf Treppenstufen als Hilfestellung anzubieten. Der Druck für den Hund steigt, wenn er sich dann, gegen sein Selbst-Gefühl, überwindet, um das Leckerchen zu bekommen, dem Menschen zu gefallen und Konflikte zu vermeiden, während der Mensch (verständlicherweise) meint, das Problem gelöst zu haben. Es entsteht eine Spannungsspirale, von der der Mensch häufig nur bemerkt, dass der Hund ausschließlich für Futter oder immer mit Widerstand eine Handlung ausführt. Die Handlung wird nicht leichter, flüssiger, der Hund scheint nichts zu lernen. Eine „vorne-hinten"-Problematik kann verschiedene Ursachen haben, die sowohl körperlicher als auch geistiger und seelischer Natur sein können.

Das Gehen über die hohen Cavaletti erfordert sowohl Kraft als auch Koordination.

Probleme in der Koordination können sich auch in Drehungen zeigen. Es gibt viele Hunde, die sich ausschließlich über eine Körperseite drehen. Versucht man sie anzuleiten, sich mit einem Spielzeug in der Hand mit dem Uhrzeigersinn und gegen den Uhrzeigersinn zu drehen, so können sie dies nur in eine der Richtungen ausführen. Diese Unflexibilität äußert sich ebenso wie die Problematik der „vorne-hinten"-Koordinationsschwäche häufig in Unzufriedenheit und in Vermeidung bestimmter Situationen und Aufgaben. Auch wir Menschen neigen dazu, mit unserer Vorzugsseite (rechts oder links) zu arbeiten und bemühen uns selten darum, die andere Hand zu fördern. Klavierspieler hingegen trainieren bewusst die Stärke und Beweglichkeit der zweiten Hand, da sie diese zum Spielen benötigen.

Hunde drücken sich noch viel mehr als wir Menschen durch Bewegungen aus, Körpersprache ist ihr wichtigster Kommunikationskanal im direkten Kontakt mit ihrer Umwelt und alles, was sie in diesem Kontakt einschränkt, beschränkt ihre Möglichkeiten des „In-den-Kontakt-Gehens".

Flexibilität des Geistes und Ausdrucksvermögen auf der kommunikativen Ebene sind eng an die Beweglichkeit des Körpers gebunden.

Muskelkraft

Wir alle haben eine Vorstellung davon, was „Kraft" ist: Der Gewichtheber ist kräftig, der „Schreibtischtäter" nicht. Muskelkraft beschreibt die Energie, die ein Muskel aufwenden kann, um zum Beispiel einen Gegenstand (oder den eigenen) Körper zu tragen, im Gleichgewicht zu halten oder auf einen Körper einzuwirken.

Die Muskelkraft ist abhängig von dem Trainingszustand des Muskels und von dessen grundsätzlicher Beschaffenheit. So hängt der erreichbare Trainingszustand des Muskels auch von genetischen Vorgaben bezüglich der Muskulatur ab. Ein begabter Ausdauerläufer hat eine andere Muskulatur als ein Sprinter und beide können aufgrund ihrer Veranlagung in der Disziplin des jeweils anderen trotz umfangreichen Trainings nicht die gleichen Ergebnisse erzielen.

Bei Hunden haben wir dies in der Rassezüchtung manifestiert: Ein Windhund ist ein Sprinter und in der Lage, im Verhältnis zu seinem Körpergewicht enorm viel Schnellkraft-Muskulatur zu entwickeln, während ein Schlittenhund Ausdauermuskulatur besitzt. Ein Husky wird daher niemals so schnell sein wie ein Greyhound und ein Saluki niemals so ausdauernd wie ein Samojede.

Entscheidend ist jedoch für beide „Krafttypen", dass die Muskulatur gut entwickelt ist und nicht unter- oder übertrainiert (zu wenig Regeneration). Übertrainierte Muskulatur verspannt leicht, untertrainierte stützt das Skelett nicht ausreichend und der Hund fühlt sich eventuell nicht wohl in seinem Körper. Eine gut trainierte Muskulatur unterstützt die Arbeit der Gelenke, und so ist es zum Beispiel für Hunde mit einer Hüftdysplasie enorm wichtig, gut trainierte Muskeln zu haben, die dafür sorgen, dass der Oberschenkelhalskopf gut in der schlecht entwickelten Hüftpfanne gehalten wird.

Muskelkraft und Testosteron

Sowohl Rüden als auch Hündinnen produzieren das Sexualhormon Testosteron und es sorgt für intensiveres Muskelwachstum, eine gesteigerte Fettverbrennung bzw. geringere Speicherung von Fett. Die Kastration von Rüden und Hündinnen wirkt sich auf den Hormonhaushalt aus, wobei die Rüden an Muskelmasse verlieren und leichter Fett ansetzen, während die Hündinnen bei einer frühen Kastration (vor der ersten Läufigkeit) mehr Muskelmasse entwickeln und größer werden.

Auch der Muskeltonus wird durch eine Kastration beeinflusst. Kastrierte Rüden haben einen deutlich geringeren Muskeltonus, d. h. die Grundspannung ihrer Muskulatur ist niedriger als bei unkastrierten Rüden, die einen höheren Testosteronspiegel haben.

Unser Kelpierüde Wim ist ein unkastrierter, kleiner Macho, und selbst wenn er mit seinem selbst auferlegten Macho-Status Probleme hätte, würden wir ihn nicht kastrieren lassen, da er eine Hüftdysplasie hat und jeden einzelnen Po- und Oberschenkelmuskel braucht, um seine Hüfte zu stabilisieren.

Phasische und tonische Muskulatur: „Haltung bewahren" um jeden Preis

Bei der Skelettmuskulatur unterscheiden wir zwischen tonischer (Typ 1) Muskulatur und der phasischen Muskulatur (Typ 2) sowie Muskeln mit gemischten Faseranteilen.

Der Stoffwechsel in den Typ 1-Muskelfasern ist aerob, das heißt es wird unter hohem Sauerstoffbedarf Glukose und Fett verbrannt und in Energie umgesetzt.

Muskeln, die einen besonders hohen Anteil an Typ 1-Fasern (75% – 100%) haben, nennt man tonische Muskulatur. Sie sind ausdauernd und Bewegungen können mehr als 100 Mal wiederholt werden.

Tonische Muskeln neigen zur Verkürzung und verändern durch die andauernde Spannung die Körperhaltung.

Tonische Muskeln

EIGENSCHAFTEN:
- Überwiegend rote Muskelfasern
- Langsam arbeitende Muskelfasern
- Langsam ermüdend
- Geringe Kraftentfaltung
- Ausdauerleistung

BEISPIELE:
- Schultermuskulatur
- Oberer Teil Kapuzenmuskel
- Ellenbogenstrecker
- Brustmuskeln
- Hüftbeuger
- Wadenmuskeln
- Oberschenkelrückseite

Die Typ 2-Muskulatur (phasische Muskulatur) generiert die Muskelkraft, die in akuten Situationen (Stress: Angriff oder Flucht) oder zu kraftvollen Bewegungen, zum Beispiel bei der Jagd, gebraucht wird. Haben Hunde beispielsweise Gelenkprobleme (z.B. Arthrose oder Hüftdysplasie), dann benötigen sie eine Förderung der phasischen Muskulatur. Ist diese gut entwickelt, stützt und schützt sie die Gelenke.

Die Energieversorgung der Typ 2 Muskelfasern geschieht durch Glukose und ist anaerob. Sie neigt zur Abschwächung und die Spannung in einem phasischen Muskel kann selten länger als 60 Sekunden gehalten werden.

Tonische Muskeln

EIGENSCHAFTEN:

- Überwiegend weiße Muskelfasern
- Schnell arbeitende Muskelfasern
- Hohe Kraftentfaltung
- Auf schnelle, kurze Kraftentfaltung ausgelegt

BEISPIELE:

- Mittlerer und unterer Teil des Kapuzenmuskels
- Bauchmuskeln
- Rückenstrecker
- Kniegelenksstrecker
- Schienbeinmuskel
- Gesäßmuskel
- Vorderer Oberschenkelmuskel

Die tonische Muskulatur hat Haltefunktionen und neigt zur Verkürzung. Sie ist es, die uns „die Haltung wahren“, „nicht zusammenbrechen“, „die Last tragen“, uns „aufrecht bleiben“, oder uns „in die Knie gehen lässt“ lässt. Von der Spannung der tonischen Muskulatur kann auch auf den Grad von psychischer, chronischer Anspannung geschlossen werden. Da die tonischen Muskeln wie zum Beispiel die Nackenmuskulatur, die den Kopf hält, oder die tiefe Rückenmuskulatur keinen Gegenspieler (wie Bizeps und Trizeps) haben, bleibt eine erworbene Spannung leicht langanhaltend bestehen. Wir Menschen spüren die Verspannung des Nackens und bekommen als Ergebnis zum Beispiel Kopfschmerzen. Wir wissen nicht, ob Hunde auch Kopfschmerzen haben, aber wir können fühlen, wie verspannt auch deren tonische Muskeln sein können. Um die tonische Muskulatur zu entspannen, bedarf es bewussten Lockerlassens und passiver Dehnung. Das können weder die meisten Menschen noch unsere Hunde ohne Unterstützung. Deswegen machen wir Gymnastik, Dehnübungen, Yoga, gehen zum Osteopathietermin, meditieren, machen Atemübungen und so weiter.

Das würde auch unseren Hunden guttun und für eine Weile ist die Behandlung bei der Hunde-Osteopathin sicher entlastend für unseren Hund. Auf Dauer sollten wir lernen, ergänzend zu den Osteopathie- oder Physiotherapie-Terminen aktiv entspannend für unsere Hunde zu wirken und sie darin unterstützen, ihre Muskulatur zu dehnen (s. S. 204). Zudem sollten wir uns natürlich mit der Ursache und Auflösung der Spannung beschäftigen.

Sensorik: Datenflut im Rechenzentrum

Sensorik beschreibt das Zusammenspiel der Sinnessysteme, die eine Wahrnehmung der Welt ermöglichen. Ohne von außen kommende Reize wahrzunehmen, also sensorisch erfassen zu können, könnten wir nicht mit unserer Umwelt in Kontakt treten, es wäre kein Austausch möglich. Dabei wirkt eine Flut von Eindrücken auf unsere Sinneszellen ein, die nicht nur verarbeitet, sondern vor allem auch sortiert und gefiltert werden müssen, um keine Reizüberflutung und somit Überlastung des verarbeitenden Gehirns zu verursachen. Reize wahrzunehmen, zu filtern in „wichtig" und „unwichtig" und zu verarbeiten stellt einen wichtigen Anteil der Selbstwahrnehmung dar. „Wie bin ich, wo bin ich, was ist um mich herum?".

Das Gehirn verarbeitet auch bei Hunden knapp drei Mal so viele Impulse aus der Peripherie, wie es umgekehrt sendet. Die Reizwahrnehmung und -verarbeitung ist also ein maßgeblicher Schlüssel für die Selbstwahrnehmung und den Kontakt mit der Außenwelt.

Sinneswahrnehmung

Sensorik wird möglich durch die Sinnessysteme Hörsinn, Tastsinn, Sehsinn, Geschmack und Geruchssinn. Die Gewichtung der Sinne ist bei Mensch und Hund unterschiedlich. Was uns jedoch vereint, ist, dass der Geruchs- und Tastsinn die Sinne sind, die uns zuerst vollständig zur Verfügung stehen und unser frühestes Dasein am meisten beeinflussen. Der Tastsinn ist bereits vor der Geburt aktiv und lässt Mensch und Hund mehr von der Umgebung wahrnehmen, als uns jemals bewusst sein wird.

Bei den Menschen tritt der Geruchssinn im Verlauf des ersten Lebensjahres immer mehr in den Hintergrund. Er ist aber, ebenso wie bei den Hunden, am stärksten von allen Sinnen mit dem limbischen System, also dem Gefühlszentrum des Gehirns, verbunden. Wir verbinden mit Gerüchen starke emotionale Erinnerungen, die ungefiltert freigeschaltet werden, sobald ein Geruchsreiz die Schwelle der Wahrnehmung durchdringt.

Ich kann mich an den Geruch der Speisekammer meiner Großmutter erinnern und ich erkenne den Geruch aus einer Mischung von Gewürzen, Kaffee, Putzmitteln und ähnlichem sicher wieder, egal wo ich auf ihn treffe. Und ich fühle mich emotional in meine Kindheit zurückversetzt und erinnere mich dann zusätzlich an das Geräusch der Kaffeemühle, die in der Speisekammer an der Wand hing und an die Frage von uns Enkeln, wer denn bei diesem Besuch die Kaffeemühle drehen durfte.

Durch Gerüche werden wahrhafte Erinnerungs- und Gefühlskaskaden freigeschaltet und ich beobachte immer wieder, wie stark emotional Hunde, sichtbar durch die Veränderung ihrer Körperhaltung und -Spannung, auf Gerüche reagieren.

Es ist leicht zu erkennen, wie sich Hundekörper förmlich zusammenschieben, wenn sie einen Geruch im Gras riechen, der sie innerlich anspannen lässt. Ein Nahrungs- oder Territorialkonkurrent wie Nachbars Kater, der freche Igel oder ein neuer Hund im Revier lassen die Rückenmuskulatur anspannen, der Hund sieht aus wie „zusammengeschoben", der Rücken ist aufgewölbt.

Natürlich sind Hunde in der Spezifizierung von Gerüchen unglaublich viel begabter, aber auch bei ihnen trifft ein Geruch schnell und direkt auf das Gefühlszentrum im Gehirn und wird erst im nächsten Schritt möglicherweise, aber nicht unbedingt, rational bewertet. Das erklärt auch, warum Hunde bei einigen Gerüchen rational so schwer ansprechbar sind, sich von ihren mit dem Geruch assoziierten Gefühlen kaum distanzieren können oder ihr Handeln uns dann wenig rational erscheint.

Ein Welpe ist in den ersten Tagen seines Lebens fast blind (Lichtreflexe werden durch die Lider wahrgenommen) und taub, aber er hat einen entwickelten Tast- und Geruchssinn, mit dem er in den ersten Tagen und schon vor der Geburt seine Mutter und Geschwister und seine nächste Umgebung wahrnimmt.

Menschenkinder können zwar bei der Geburt sehen und hören, aber sie fokussieren noch nicht und das räumliche Sehen und Hören ist noch nicht entwickelt. Erst mit der Entwicklung aller Sinne können Mensch und Hund sich ihre Umwelt komplett erschließen.

Bei Hunden öffnen sich die Ohren zwischen dem etwa 10. und 16. Tag (rassetypisch unterschiedlich). Über die Entwicklung des Geschmacksinns kann ich leider nichts sagen. Es ist jedoch bekannt, dass sich geschmackliche Vorlieben in den ersten Lebensmonaten von Hunden entwickeln und so machen viele Züchter leider den Versuch, den Welpen möglichst viele unterschiedliche Haptiken (Trocken- und Nassfutter) und Geschmacksrichtungen (unterschiedliche Eiweißquellen, Rind, Huhn, Lamm etc.) anzubieten, damit die zukünftigen Hundehalter eine breite Auswahl aus Futtersorten füttern könnten. Dabei wird die komplexe Entwicklung der oralen Toleranz der Hunde übersehen, sodass viele junge Hunde bereits an Futterunverträglichkeiten oder sogar Allergien leiden oder diese früh entwickeln. Aber das ist ein anderes, sehr großes Thema.

Ist die Sinneswahrnehmung von Hunden eingeschränkt, können sie sich auch nur ein eingeschränktes „Bild" von der sie umgebenden Welt machen. Nicht gut zu hören kann bedeuten, sich vor plötzlichen visuellen Reizen eventuell zu erschrecken, da sie sich nicht akustisch angekündigt haben. Ein Auto, das scheinbar aus dem Nichts auftaucht, ist erschreckender als ein Fahrzeug, was schon seit ein paar Sekunden hörbar ist. Umgekehrt ist eine mangelnde Filterung von Sinneswahrnehmungen, eine Reizüberflutung durch zu viele Reize für sensible Hunde überfordernd und kann sie krank machen.

Herdenschutzhunde sind dafür gezüchtet worden, auf das Vieh aufzupassen. Sie horchen in die Dunkelheit, um sich nähernde Wölfe, Luchse oder andere potenzielle Feinde rechtzeitig zu orten und zu verhindern, dass die Herde angegriffen wird. Sie haben ein extrem gutes Gehör. In der Stadt gehalten kann es sein, dass sie unter dem andauernden Geräuschpegel leiden, den sie nicht ausschalten und von dem sie sich nicht erholen können. Das Sinnessystem unserer Hunde ist unserem so sehr überlegen, dass der Dauerbeschuss mit Geräuschen, künstlichen Gerüchen, Bewegungsreizen wie zum Beispiel im Straßenverkehr, noch belastender wirken kann als für uns Menschen. Unser reizstarkes Leben kann unsere Hunde psychisch und körperlich krank machen.

Sensomotorik und Körperschema: Von Elfen und Elefanten

Sensomotorik beschreibt das Zusammenspiel zwischen der Wahrnehmung äußerer und innerer (somatosensorischer) Wahrnehmungen und der darauf abgestimmten Bewegung. Spürt ein Hund Umgebungskälte (Reiz auf der Haut), dann beginnt seine Muskulatur zu zittern (um sich zu wärmen) und er sucht einen wärmeren Platz auf. Spürt er Schmerz, wird er versuchen, den Schmerzreiz zu beseitigen (z. B. durch Lecken oder Beißen).

Aber auch für komplexe Verhaltensweisen braucht ein Hund das Zusammenspiel aus Sensorik und Motorik: Um auf einem Baumstamm zu balancieren, braucht es den Gleichgewichtssinn, den Tastsinn, den Sehsinn und so weiter.

Die Kontaktaufnahme mit einem Sozialpartner braucht eine optische Wahrnehmung, die Einschätzung der Distanz zum Gegenüber, den Tastsinn, um sich dem Untergrund in der Bewegung auf den anderen zu anzupassen und den Gleichgewichtssinn, um in der Bewegung nicht umzufallen.

Der Gleichgewichtssinn ist notwendig, um sich im Raum zu bewegen und zu orientieren, Gliedmaßen unabhängig voneinander zu bewegen und dabei die Umwelt weiter wahrnehmen zu können (zum Beispiel bei einer Kopfdrehung ohne verwackelnde Bilder) und wird möglich durch ein komplexes Zusammenspiel von verschiedenen Sinnesleistungen. Das vestibuläre System ist bei allen Wirbeltieren der wichtigste Sinn für das Gleichgewicht. Im Innenohr befindet sich in den Bogengängen Lymphflüssigkeit. Bei Drehbewegungen werden durch die Beschleunigung der Flüssigkeit im begrenzten Hohlraum des Bogenganges durch die Wahrnehmung der Haarzellen (Sinneszellen) Nervenimpulse an das zugehörige Zentrum im Gehirn weitergeleitet.

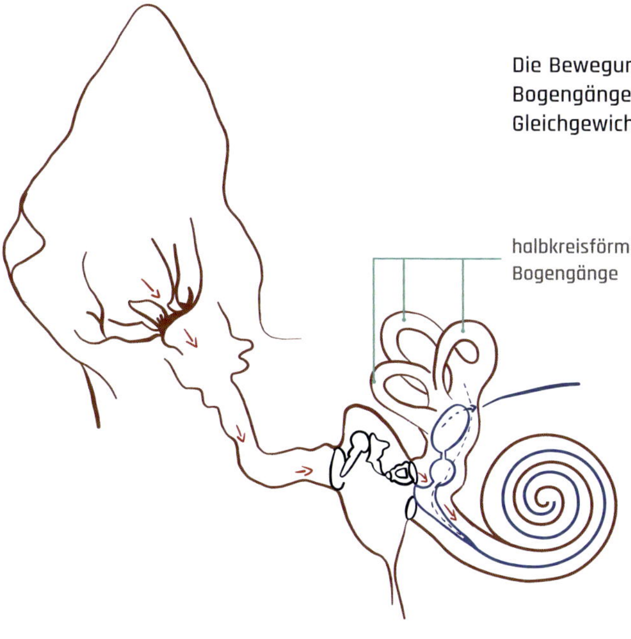

Die Bewegung der Lymphflüssigkeit in den Bogengängen des Innenohrs sorgt für das Gleichgewichtsempfinden.

Die stabile Lage des eigenen Körpers im Raum, die Wahrnehmung der körpereigenen Haltung (wie stehe, liege, drehe, halte ich mich) und die Stellung der einzelnen Körperteile zueinander (Kopf, Rumpf, Extremitäten, rechts, links), auch während der Bewegung, wird durch sogenannte propriozeptive Rezeptoren in den Gelenken gewährleistet. Kleine Sensoren in den beweglichen Teilen des Skeletts (Gelenken) funken ständig an das Gehirn, wie und wo sie sich befinden. Darüber erschließt sich die Schaltzentrale im Gehirn und Rückenmark ein Gesamtbild und kann daran Bewegungen und Spannungen des Körpers anpassen. Dies geschieht unbewusst und ständig. Ohne die propriozeptiven Rezeptoren käme ein Körper ständig aus dem Gleichgewicht und es wäre nicht möglich, eine gerade Körperhaltung einzunehmen. Insbesondere in reizstarken und / oder überfordernden Situationen beobachte ich häufig bei Hunden, dass sie nicht gerade stehen, sondern ihr Körper in einer Bogenform ausgerichtet ist. Die Hinterpfoten stehen in eine andere Richtung als die Vorderpfoten.

Für Hunde, deren Propriozeption unter Anspannung nachlässt oder insgesamt schwach ausgeprägt ist, kann ein scheinbar kleines Hindernis eine große Herausforderung sein. Türen, Pforten, kleine Balancierübungen werden gern vermieden und diese Hunde erproben nur nach viel Überwindung neue Situationen, die sie körperlich herausfordern könnten.

Ich erinnere mich gut an die wunderbare Heidi, eine Ridgeback-Boxer-Mixhündin, die auf natürlichem Untergrund mit Bodenhaftung rennt, springt und hüpft und sehr geschickt ist, in begrenztem Raum, zuhause im Wohnzimmer, aber so sehr aus der Körperwahrnehmung fällt, dass sie selbst bei niedrigsten Cavaletti ständig an die Stäbe stößt. Sie versucht diese Aufgaben zu vermeiden, da sie bei entstehender Spannung durch die gestellte Aufgabe und nicht die selbstgewählte freie Bewegung ihr Gefühl für sich im Raum, ihre Koordinationsfähigkeit und somit ihre Sicherheit einbüßt. Heidi würde lieber kilometerlange Umwege gehen als im Wohnzimmer über Cavaletti zu steigen, die man nicht mit einem mächtigen Satz überfliegen darf. Heidi wäre als Mensch vielleicht eine gute Fußballspielerin, aber keine Seiltänzerin oder Akrobatin geworden.

Auch bei uns Menschen sind die Propriozeption und der Gleichgewichtssinn nicht bei allen Individuen gleich ausgeprägt: Seiltänzer, die ich bis heute staunend bewundere, haben sicherlich sehr früh mit einem Training begonnen und ihre Fähigkeiten geschult, während viele Kinder schon zu Zeiten, als ich in den neunziger Jahren des letzten Jahrhunderts in einer Kita arbeitete, nicht mehr oder noch nicht auf einem Bein stehen konnten. Wir können auch unsere Hunde in ihrer Propriozeption durch gezieltes Training unterstützen – doch dazu mehr im Praxisteil.

Der Sehsinn nimmt die Lage im Raum, „oben" und „unten" wahr und unterstützt damit die Orientierung im Raum.

Jede nach außen gewandte Motorik braucht die Sensorik, also den Gleichgewichtssinn, Propriozeption und andere Sinneswahrnehmungen wie den Seh-, Hör- und Tastsinn, sonst kann eine Handlung nicht zielgerichtet ausgeführt werden, ein Kontakt mit der Außenwelt wird schwerlich möglich. Ein Hund könnte kein auf dem Boden liegendes Futter mit dem Maul aufnehmen, nicht geradeaus laufen, keinen sanften Kontakt zu uns aufnehmen.

Wir kennen das aus unserer Kindheit wahrscheinlich sehr gut, dass es Kinder gibt, die großartig balancieren können, für die die Disziplin „Schwebebalken" im Sportunterricht eine wahre Freude bedeutet, und solche, wie mich, die sich mit Ach und Krach über die Hälfte des Balkens retten, bevor sie abstürzen. Und wir kennen Hunde, deren Balancierfähigkeit uns Schwindel- und Angstgefühle um die geliebte Fellnase in luftiger Höhe beschert und solche, die garantiert von der Sofakante kippen, obwohl der Hundekörper mehr als genug Platz auf dem Sofa hätte.

Und es ist wie es immer ist: Wenn ein Individuum spürt, dass etwas nicht gut gelingt, dann fühlt sich das nicht gut an!

Unser Wim hat auf Wackelpads, weichen Untergründen und anderen geeigneten Gerätschaften (siehe Praxisteil) sein Gleichgewicht geschult und ist jetzt stolzer „auf der Fensterbank-Steher", was in den ersten eineinhalb Jahren seines Lebens nicht möglich gewesen wäre. Jetzt müssen wir ihn bremsen, damit er uns nicht immer wieder erneut in Schrecken versetzt, weil er der Meinung ist, (fast) allen motorischen Herausforderungen gewachsen zu sein! Dadurch hat er an Selbstbewusstsein, Geduld und Geschick gewonnen und nebenbei bei den komplexen Übungen seine Muskulatur trainiert.

In der aufmerksamen Beobachtung betrachten wir also, wie gut der Gleichgewichtssinn und die Propriozeption unserer Hunde ausgeprägt sind. Bei der Beobachtung der Gleichseitigkeit betrachten wir, ob die Kraft und Sensorik im Vergleich von rechter und linker Seite gleich ausgeprägt sind. Finden sich hier spür- und sichtbare Unterschiede, sollte eine medizinische Diagnostik mögliche pathologische Ursachen klären bzw. ausschließen.

Stellen wir jedoch bei einem körperlich gesunden Hund fest, dass zum Beispiel die Gewichtsverlagerung von einem Fuß auf den anderen, von einer Seite zur anderen unterschiedlich schnell vonstatten geht, der Hund eventuell immer nur über eine Körperseite dreht und die andere ihm schwerfällt, uns kein Unfall oder anderer Auslöser bekannt ist, dann können wir durch gezielte Übungen die schwächere Seite fördern und dem Hund so ein besseres Gefühl für den eigenen Körper ermöglichen.

Auch bei einem diagnostizierten Leiden wie HD ist es sinnvoll, regelmäßig gezielte Übungen zur Vermeidung von Fehlhaltungen zusätzlich zur verordneten Therapie durch Physiotherapeut oder Osteopath zu machen.

Das Körperschema als drittes Element dieses Kapitels beschreibt die individuelle Vorstellung, die ein Individuum vom eigenen Körper hat.

Wir alle kennen das Phänomen, dass wir uns dick, dünn, groß, klein, ungelenk oder zart fühlen und dies der Realität kaum entspricht, ja, sogar tagesformabhängig sein kann. Mal fühlen wir uns wie Elfen, mal wie Elefanten.

Ich erlebe sehr häufig Hunde, die keinerlei Wissen darüber haben, wie ihre Körpermaße sind. Sie trauen sich nicht, zwischen zwei Stühlen hindurchzugehen, die in einem Abstand zueinanderstehen, der deutlich größer ist als der Hund breit. Sie spüren ihre Körpermaße nicht. Das Körperschema spiegelt also nicht die Realität, die wir durch Propriozeption, Sensorik, also Wahrnehmung erfahren, sondern ein inneres Abbild unserer individuellen Realität. Wenn Hunde sich durch eine Lücke, die doppelt so breit ist wie sie selbst, nicht hindurch trauen, dann liegt das an ihrem Körperschema. Weicht dieses sehr von den tatsächlichen Maßen und Gegebenheiten des Körpers ab, kann dies dazu führen, dass Hunde (und Menschen) bezüglich ihres Körpers und dessen Fähigkeiten Ängste oder Missempfindungen entwickeln.

Soziomotorik: Macht und Ohnmacht

In jeder Gesellschaft gibt es Normen und Regeln, die das Miteinander reglementieren und strukturieren. Die Körpersprache, die sich an die soziale Umwelt richtet, bezeichnet man als Soziomotorik. Die Art und Weise, wie ein Hund sich anderen Hunden, Menschen und Tieren, die zu seinem kulturellen Umfeld gehören, nähert, ist zum einen Ausdruck gelernter Verhaltensnormen und zum anderen auch unbewusster psychischer und geistiger Prozesse. Bewegung dient der Kommunikation mit der belebten Umwelt und macht so die Interaktion mit dieser erst möglich. Jede Bewegung im Kontext mit einer anderen Person (Mensch oder Tier) ist Kommunikation. Die Art der Annäherung, Verständigung, Abstimmung oder Ablehnung erlernt ein Hund bereits als Welpe in Interaktion mit den Geschwistern, der Mutter, anderen Hunden und Menschen. Durch die Reaktion des Gegenübers macht bereits ein kleiner Welpe prägende Erfahrungen und erlernt bestimmte soziomotorische Verhaltensweisen.

Vor kurzem haben wir Freunde in den Niederlanden besucht, die Bergamasker züchten. Der aktuelle Wurf war sechs Wochen alt und die Welpen waren zusammen mit den erwachsenen Bergamasker-Hündinnen und einer PON (Polsky Owczarek Nizinny) Hündin im Garten, während wir aßen. Die erwachsenen Hündinnen verhielten sich freundlich gegenüber den Kleinen, korrigierten aber sehr deutlich, ohne die Welpen zu verletzen, wenn sie sich zu sehr bedrängt fühlten oder einer der Welpen sich von ihnen beanspruchten Ressourcen, zum Beispiel Spielzeug oder einem Kauartikel näherte. Keiner der Welpen zeigte sich maßlos oder nicht lernfähig.

Im Spiel miteinander waren allerdings zwei Rüden sehr übergriffig, knurrten, hielten die Geschwister fest, ließen sie beim Raufen nicht wieder aufstehen und spielten ihre scheinbar größere Kraft oder Entschlossenheit aus. In früheren Zeiten hätte man wohl von „dominanten" Welpen gesprochen. Ich habe das „Spiel" dieser zwei Rüden mit den Geschwistern mehrfach unterbrochen, habe die Raufer gestupst und angeknurrt und bereits nach zwei- bis dreimaliger Unterbrechung reichte ein leises „Knurren" meinerseits in einer Situation aus, damit die Kleinen sich mäßigten.

Es braucht sicherlich eine intensive Begleitung der kleinen Wilden, damit sie sich soziomotorisch anpassen. Die gute Prägung durch die anderen Hunde beeinflusst zwar das Verhalten gegenüber erwachsenen Hunden, schafft aber keine generelle Änderung des Sozialverhaltens. Die körperliche Unterdrückung der schwächeren Geschwister ist sicherlich emotional ein Erfolg, weil es für die Stärkeren ein Erleben von Macht generiert. Sie lernen daher leider keine sozialen Werte, außer „das Recht der Stärkeren". Diese Erfahrungen verhindern häufig freundlich neutrale Kontakte, da im Kontakt keine Konflikte, keine freundliche Kommunikation, sondern nur Machtausübung gelernt wurde.

Die Unterlegenen erfahren sich als ohnmächtig und werden sich sowohl emotional als auch im Verhalten an dieser Erfahrung orientieren. Insbesondere, wenn die Situation des „Schwächerseins“ länger anhält, werden die Welpen versuchen, den Stärkeren zu entkommen, aggressiv abwehrend reagieren oder sich unterwürfig beschwichtigend in Sozialkontakten zeigen.

Bei erwachsenen Hunden erkennt man häufig bereits an der Kontaktaufnahme, welche Erfahrungen sie in der Welpenzeit gemacht haben und es darf uns bewusst werden, was unbegleitete Kontakte, zum Beispiel auf der Hundewiese, bei Hunden verursachen können.

Neo ist mental stark genug, um das übergriffige Verhalten von Yuma (er greift ihm über den Nacken) souverän wegzustecken.

Proxemik: Wie viel Nähe darf es sein?

Unter Proxemik verstehen wir die Distanz oder Nähe, in die sich ein Individuum zu einem anderen Individuum begibt. Dabei gibt es große individuelle Unterschiede, sowohl von Mensch zu Mensch als auch von Hund zu Hund.

Bei Hunden gibt es auch rassetypisch manifestierte Unterschiede und so haben viele Meutehunde, wie zum Beispiel Beagle, eine andere Toleranz von Nähe als beispielsweise ein Herdenschutzhund, der mehr Raum, mehr Übersicht, mehr Körperrespekt und mehr Distanz wünscht, erwartet und sucht.

Der Beagle wurde dafür gezüchtet, auf engstem Raum mit einer großen Anzahl anderer Hunde zu leben. Die Adeligen konnten sich schon in der Antike große Meuten leisten, d. h. viele Hunde durchfüttern, um sie mit auf die Jagd zu nehmen. Um mit einer Vielzahl an anderen Individuen zusammenleben zu können, bedarf es eines hohen Grades an Toleranz gegenüber körperlicher Nähe.

Herdenschutzhunde ertragen nicht so viel Nähe. Sie wurden und werden von Schäfern in kleiner Anzahl gehalten, um selbstständig die Herden zu bewachen. Ein Herdenschutzhund soll intolerant gegen Annäherung Fremder sein. Daraus ergibt sich in Bezug auf die Proxemik ein anderes Bedürfnis als bei einem Meutehund wie dem Beagle. Beide Hundetypen werden seit über 1000 Jahren von Menschen gezüchtet.

Proxemik ist immer dann wichtig, wenn der Abstand zu den anderen Lebewesen des Sozialverbandes für ein Individuum nicht stimmt, nicht passt. Muss ein Hund sehr viel Nähe ertragen, in der er sich nicht wohlfühlt, so erzeugt dies Abwehrspannung, Verkrampfung und dauerhaft sicher Ablehnung oder Vermeidung. Wird andersherum einem Hund die Nähe, die er sucht und braucht, nicht gewährt, wird er sich einsam fühlen und ebenfalls nicht zufrieden und „in seiner Mitte" sein. Proxemik, das Ertragen oder Suchen von Nähe, der „Wohlfühlabstand", wird neben der Rassespezifität aber auch durch Erfahrungen beeinflusst. Wird ein Hund zum Beispiel durch einen Kaiserschnitt auf die Welt geholt, kann es sein, dass Berührung und Nähe als sehr unangenehm, zu viel oder nicht ausreichend, zu wenig empfunden werden.

2. Der Vagusnerv: Der Alleskönner

Den Begriff Vagusnerv haben die meisten Menschen schon einmal gehört. Welche unglaubliche Vielfalt an Aufgaben dieser Nerv mit seinen Ästen und Verzweigungen allerdings erfüllt, ist den wenigsten bewusst.

Der Vagusnerv ist der zehnte der zwölf Hirnnerven und der längste, der sich am weitesten im ganzen Körper ausbreitet. Vagus bedeutet „umherschlendern" und dies beschreibt seine spezielle Bedeutung für den gesamten Körper der Säugetiere schon ein wenig. Er gehört zum parasympathischen Nervensystem, das heißt demjenigen Anteil am vegetativen Nervensystem, das für die Beruhigung von Organen und Strukturen verantwortlich ist.

Der Vagusnerv spaltet sich im Verlauf durch den Körper mehrfach auf. Nach Austritt aus dem Schädel innerviert er das Ohr und den Rachen. Hier kann eine Reizung des Nervs, zum Beispiel durch kaltes Wasser im Ohr, zu Erbrechen führen. Der Schluckreflex und das reflexhafte Schließen und Öffnen des Kehlkopfes werden durch den Vagusnerv gesteuert. Die Speiseröhre und der Magen werden ebenfalls vom Vagusnerv durchwachsen. Hierbei steuert der Vagusnerv sowohl motorische Reflexe als auch viszerosensible Wahrnehmungen. So ist er zum Beispiel an der Übermittlung von Geschmacksempfindungen oder der Wahrnehmung von Übelkeit beteiligt.

Er ist an der Regulation fast aller inneren Organe wie Herz, Leber, Niere oder Dünndarm beteiligt und hieraus wird ersichtlich, welch zentrale Rolle dem Vagusnerv sowohl bei der Regulation der vegetativen Vorgänge als auch der Beruhigung dieser Organsysteme bei Überaktivierung zukommt.

Der sympathische Teil des vegetativen Nervensystems (Sympathikus) ist der antagonistische Gegenspieler des Parasympathikus und für die Aktivierung und Spannung von Organen, Muskeln und Systemen verantwortlich. Dem sympathischen Anteil des Nervensystems verdanken wir die Bereitstellung von Kraft und Energie in Gefahrensituationen, die „Fight or Flight" Reaktion, ohne die wir es vermutlich nicht vom Affen zum Menschen und vom Wolf zum Hund geschafft hätten, da uns die Säbelzahntiger vorher gefressen hätten.

Ist das sympathische System jedoch aktiviert und es gibt keinen funktionierenden Gegenspieler, der wieder für Entspannung und Ruhe sorgt, dann tritt zwangsläufig irgendwann ein schwerwiegender körperlicher und oft auch psychischer Erschöpfungszustand ein.

Der wichtigste Gegenspieler in der Mannschaft des Parasympathikus ist der Vagusnerv. Er ist sowohl für eine innerkörperliche Gefahrenabwehr, zum Beispiel für den Brechreiz bei verdorbenem Essen oder Schwindel, Husten und Übelkeit bei einer zu starken Stimulation des Ohrinnern (zum Beispiel durch Wattestäbchen) verantwortlich als auch für eine Verlangsamung des Herzrhythmus oder der Darmperistaltik nach Aufregung, Anstrengung und Stress.

Die meisten von uns wissen, dass ein „verspannter Nacken" zu Kopfschmerzen führen kann. Wir haben uns „verlegen", „verrenkt", „verdreht", „verknackst" und die Muskulatur des Halses verkrampft sich. Durch den entstehenden Druck wird der Vagusnerv durch eine Fehlstellung des Atlaswirbels unter Druck gesetzt. Dies kann zu Kopfschmerzen, Ohrenschmerzen, Kieferschmerzen, Migräne, Schwindel und so weiter führen.

Durch zu kurze Ruhephasen, zu wenig Bewegung, falsche Fütterung (zum Beispiel zu viele Kohlenhydrate), andauernden Stress und psychische Spannung, Schmerzen, Krankheiten, Traumata, aber auch genetisch determiniert, kann die Leistung und Aktivität des Vagusnervs eingeschränkt sein.

Die Symptome können überall dort auftreten und sich summieren, wo der Vagusnerv als fürsorglicher Gegenspieler zum Sympathikus aktiv werden wollte.

Kopfschmerzen, Ohrenschmerzen, Tinnitus, Kieferprobleme (beim Menschen Zähneknirschen), Kurzatmigkeit, Asthma, Probleme der Bronchien und der Schilddrüse, Kehlkopfprobleme (Schließfunktion) und Heiserkeit, Entzündungen und Lähmungen der Stimmbänder, Magenprobleme wie Sodbrennen, Schleimhautentzündungen, Herz-, Darm-, Bauchspeicheldrüsen-, Leber und Nierenprobleme können mit einem erschöpften Vagusnerv zusammenhängen, da dieser alle diese Organe und Strukturen innerviert. Selbstverständlich sollten organische Probleme von einem Tierarzt und / oder Heilpraktiker angesehen werden. Findet sich jedoch keine Erklärung oder tauchen dieselben Probleme immer wieder auf, dann kann dies ein Hinweis sein, dass Stress, psychische Belastungen, oder erfahrene Traumata zu einer Überlastung des parasympathischen Systems geführt haben. Dies ist jedoch nur durch Beobachtung und ursächlicher Verknüpfung der Symptome erfassbar.

Die Polyvagal-Theorie: Im Notfall scheintot

Wie bereits beschrieben, stellt der Vagusnerv den größten Akteur des parasympathischen Systems dar. Die Polyvagal-Theorie besagt, dass der Vagusnerv sich in einen vorderen (ventralen) und einen hinteren (dorsalen) Zweig aufteilt.

Dabei soll der vordere Zweig in bewältigbaren Situationen die Wiederherstellung eines Sicherheitsgefühls verantworten, eine Beruhigung des Systems. Körperlich ist die Aktivität des ventralen Vagusnervs durch Nachlassen von Stresssymptomen wie Herzrasen, Anspannung, erhöhtem Blutdruck etc. gekennzeichnet. Soziale Interaktion, Kommunikation und Handlungsfähigkeit sind möglich.

Bei Hunden erkennen wir den Zustand, in dem der ventrale Vagusnerv aktiv ist und eine bewältigbare Situation vorliegt, unter anderem an der Ansprechbarkeit trotz Aufregung. Sie können mit uns in Interaktion treten, sich zum Beispiel zu uns bewegen, um Schutz zu erfahren, reagieren auf ihren Namen und können von uns gegebenen Signalen wie „Sitz" folgen. Der Stresslevel ist in einem grünen Bereich, Erholung kann stattfinden.

In einem „Hyper Arousal", also einem übererregten Zustand aufgrund eines Stressors, eines Triggers oder einer Erinnerung an ein Trauma, reagiert der sympathische Teil des Nervensystems mit Fight or Flight, Kampf oder Flucht. Kommunikation oder soziale Interaktion sind nicht mehr möglich.

Nach der Polyvagal-Theorie ist der dorsale Vagusnerv verantwortlich für einen „Freeze"-Zustand. Hierbei spricht man von einem „Hypo Arousal". Das System ist „untererregt". Die Wahrnehmung und Mobilität des Individuums sind getrübt, der Herzschlag verlangsamt, es ist ein „Scheintod-Zustand". Dieser Zustand wird bei empfundener Lebensgefahr ausgelöst, wenn es keine Lösung zu geben scheint. Der Theorie entsprechend ist der hintere Strang des Vagusnervs (dorsal) der entwicklungsbiologisch ältere Strang, der bereits vor der Entwicklung der Säugetiere angelegt wurde.

In anderen Theorien wird die Aktivierung des „Freeze"-Zustandes allerdings dem Nucleus Ambiguus zugeschrieben.

Die Polyvagal-Theorie passt also mit den Ausführungen zu Dissoziation und Flashback zusammen, wobei die Dissoziation zur Aktivierung des dorsalen Vagus und die reaktive Wut zum Versagen des ventralen Vagus passt. Wichtig hierbei ist, dass es Übungen gibt (siehe S. 192 ff.), die den ventralen Vagus stärken und somit die Verarbeitung von Stress und den Umgang mit Überforderung erleichtern.

3. Kleine Anatomie des Hundekörpers

Die gesamte Hundeanatomie überlassen wir gern den Fachleuten, aber es ist sehr nützlich für das Verständnis der Zusammenhänge zwischen Körper, Psyche und Geist unserer Hunde, wenn wir ungefähr wissen, wo was im Hundekörper liegt.

Es gibt viele Menschen, die nicht wissen, wo sie das Herz ihres Hundes schlagen fühlen können, wo man den Puls misst, welche Wirbel wie in der Wirbelsäule wo liegen und welche Nerven für welche Organe ungefähr an welcher Stelle aus den Wirbeln austreten. Gleiches gilt für die Lage der Organe im Körper, welche Organe sich selbst bewegen können und welche passiv bewegt werden (zum Beispiel die Lunge durch das Zwerchfell).

Dies ist wichtig, um zu verstehen welche Verspannung im Rücken ungefähr welche Auswirkungen auf den Rest des Körpers haben können und umgekehrt ist es gut zu wissen, wie die Organe wo an der Wirbelsäule aufgehängt sind, bei Verspannung an den Wirbeln ziehen und so Schmerzen bis hin zu Bandscheibenvorfällen auslösen können.

Hunde haben sieben Halswirbel, 13 (12–14) Brustwirbel, sieben Lendenwirbel, das Kreuzbein und unterschiedlich viele Schwanzwirbel, in den meisten Fällen 20–23.

Das Kreuzbein besteht aus drei miteinander verwachsenen Wirbelkörpern und wird als der erste Schwanzwirbel (S1) nummeriert. Das Kreuzbein (Os sacrum) liegt zwischen den nach oben ragenden Beckenschaufeln, die bei einem nicht überfütterten Hund tastbar, aber nicht herausstehend sein sollten.

Die drei Wirbel des Kreuzbeins sind nicht von Geburt an miteinander verwachsen, ebenso wie die Knochen der Extremitäten noch nicht in ihren Gelenksfassungen verankert sind.

Das Kreuzbein ist erst mit circa anderthalb Jahren verwachsen, ebenso ist das Wachstum der Gliedmaßen erst in diesem Alter abgeschlossen. Diese Wachstumszeit variiert von Rasse zu Rasse stark. Kleine Hunde haben ihr Wachstum früher abgeschlossen. Wenn man auf Röntgenbilder von jungen Hunden schaut, wird einem sehr schnell klar, warum man jugendlichen Hunden noch keine starken körperlichen Belastungen zumuten sollte: Die Gelenke und Knochen sind nur durch Kapselhüllen und Bänder miteinander verbunden und erst, wenn das Längenwachstum der Knochen, zum Beispiel des Oberschenkelknochens und des Waden- und Schienbeins, abgeschlossen ist, sind die Gelenke ausreichend stabilisiert, um die volle Belastung tragen zu können. Hierbei ist das Wachstum kleinerer, leichterer Rassen schneller abgeschlossen als bei großen.

Die Organe des Hundes liegen im Großen und Ganzen gleich verteilt im Rumpf wie bei uns Menschen. Nur ist der Rumpf des Menschen eben aufgerichtet und „aufgeklappt", während die Schultern des Hundes nicht zur Seite, sondern nach vorn zeigen.

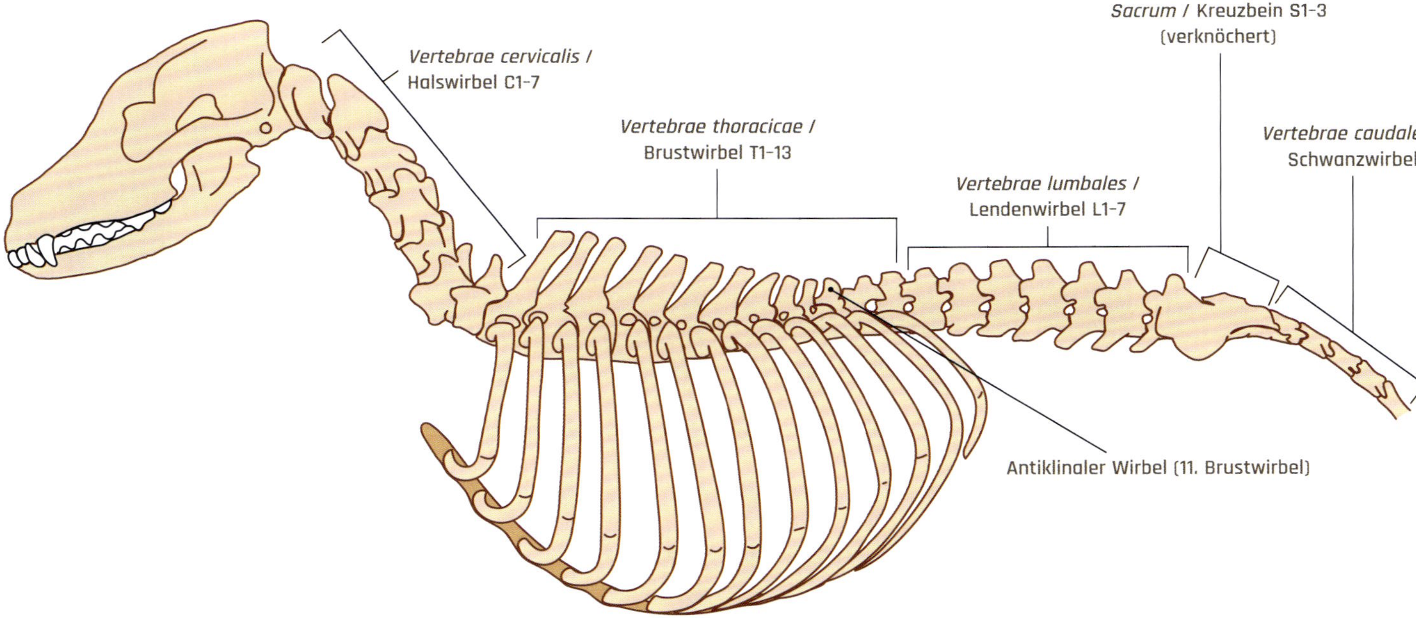
Vertebrae cervicalis /
Halswirbel C1-7
Vertebrae thoracicae /
Brustwirbel T1-13
Vertebrae lumbales /
Lendenwirbel L1-7
Sacrum / Kreuzbein S1-3
(verknöchert)
Vertebrae caudales /
Schwanzwirbel
Antiklinaler Wirbel (11. Brustwirbel)

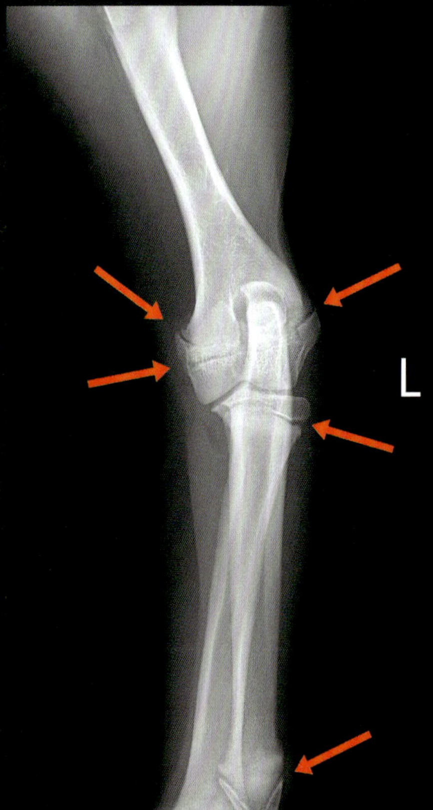

Noch offene Wachstums-
fugen beim jungen Hund

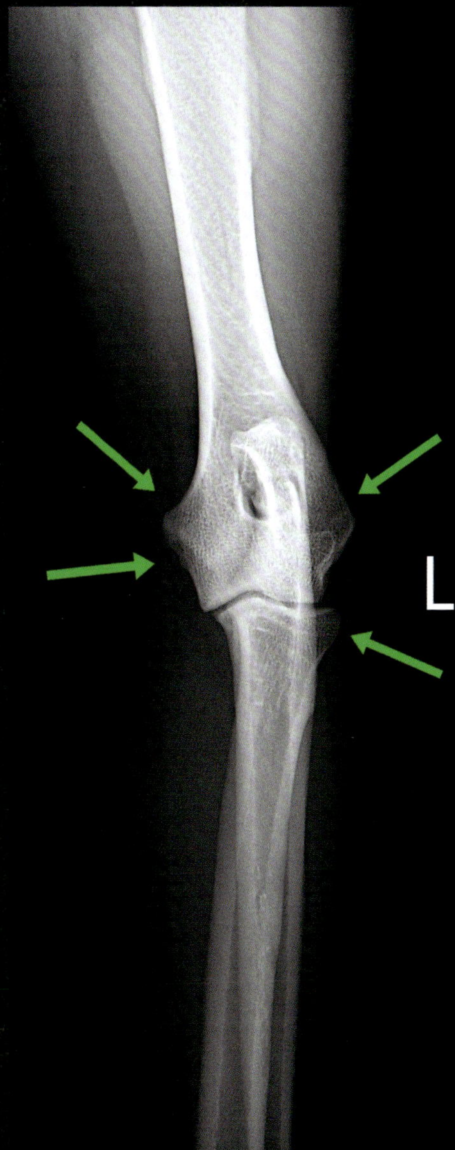

Geschlossene Wachstums-
fugen beim erwachsenen
Hund

Hunde haben kein Schlüsselbein, sodass die Schulterpartie nicht so stabil ist, wie bei uns Menschen.

Organe wie Magen, Darm, Herz, Uterus und die Blase bestehen zu einem Anteil aus Muskulatur, die sich verspannen kann. Wir alle kennen es, wenn uns etwas „auf den Magen schlägt", sich „das Herz zusammenkrampft", „eine Laus über die Leber läuft", mir „etwas an die Nieren gegangen ist" und so weiter. Diese umgangssprachlichen Beschreibungen schildern den Zustand veränderter Spannung in den Organen, der durch seelische oder geistige Anspannung verursacht wird.

Auch das Zwerchfell, das die Lunge bewegt, kann anspannen und verspannen und dafür sorgen, dass ein Individuum schlechter Luft bekommt, hüstelt oder sich eingeengt fühlt.

Dafür ist unter anderen auch der Vagusnerv verantwortlich, der die Organe mit dem Gehirn verbindet und vegetative Vorgänge steuert.

Die Organe sind von Bindegewebshüllen umgeben, die sie gegeneinander beweglich machen, sie an ihrem Platz halten und sie vor äußeren Einwirkungen wie Stößen durch plötzliche Bewegungen oder Unfälle bestmöglich schützen.

Die Organe in den Bindegewebshüllen (Faszien) sind an der Wirbelsäule befestigt, und aus dem Spinalkanal sind sie mit den zugehörigen Nerven verbunden.

Verspannen Organe durch starke Emotionen wie Wut und Trauer häufig oder längerfristig, ziehen sie von unten an der Wirbelsäule. Das ist für uns Menschen zum einen durch die verhärtete Rückenmuskulatur unseres Hundes, die einen Gegenzug zu den Organen aufbaut, damit die Wirbelsäule „nicht einknickt", spürbar, zum anderen durch die fühlbare Spannung der Organe.

Das Ertasten der Organe dürfen wir aber gerne den Profis wie Osteopathen überlassen. Bemerken wir jedoch eine veränderte Spannung der Rückenmuskulatur, ist das ein Aufmerken wert und es bedarf eventuell einer genaueren Abklärung.

Wenn wir den Rücken des Hundes abtasten, spüren wir die oberen Dornfortsätze der Wirbelsäule, die Rückenmuskulatur und die Rippen.

Die oberen Dornfortsätze sind in der Halswirbelsäule nicht zu spüren (nur der Axis hat einen größeren Dornfortsatz), die Wirbelsäule liegt hier tief unter Muskulatur verborgen und nicht alle Halswirbel haben Dornfortsätze nach oben. Die seitlichen Dornfortsätze sind aber, wie bei uns Menschen auch, als feste Punkte an der Seite des Halses zu spüren. Am Übergang von der Brustwirbelsäule (BWS) zur Lendenwirbelsäule (LWS) ändert sich die Richtung, in der die oberen Dornfortsätze stehen.

Im Bereich der BWS neigen sich die Dornfortsätze nach hinten, im Bereich der LWS nach vorne.

Dieser Übergang hat eine große Bedeutung für die Bewegung und Beweglichkeit der Hunde. Der Bewegungsschub, der von den hinteren Extremitäten nach vorne übertragen wird, kommt an diesem Übergang mit voller Stärke an und viele Hunde kompensieren hier Probleme der oberen Halswirbelsäule oder eines verspannten Kreuzbeindarmgelenks (Iliosakralgelenk).

Das bedeutet, dass das Zwischenwirbelgelenk an diesem Übergang extrem belastet wird, da es mehr bewegt wird, weil entweder im Halswirbel-, im Lendenwirbelbereich oder im Kreuzbeindarmgelenk zu wenig Bewegung möglich ist.

Vom Atlas zum Kreuzbein

Die Muskeln im Hals des Hundes sind sehr stark und fest, wir dringen von oben kaum auf die Wirbelkörper durch. Insbesondere bei am Halsband geführten Hunden kann die Spannung aber zur Verspannung werden und die Muskulatur fühlt sich dann unregelmäßig und hart an. Nicht selten wird die übermäßige Spannung der Halsmuskulatur aber auch durch einen Schiefstand, eine sogenannte Blockade, des Atlaswirbels verursacht.

Es gibt unterschiedliche Gründe, warum der erste Halswirbel, an den die Schädelbasis anschließt, in eine Fehlstellung geraten kann.

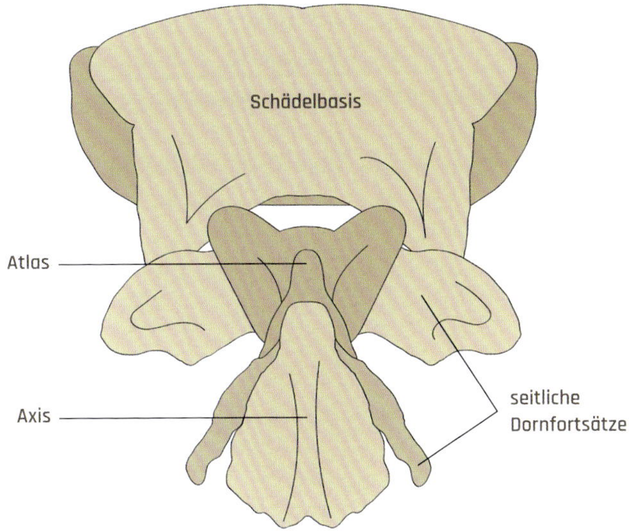

Die ersten beiden Halswirbel, Atlas und Axis, in dorsaler Ansicht (von oben).

Eine Fehlstellung des Atlas kann auf ein frühes Trauma (körperlicher oder seelischer Natur) hindeuten. Man könnte den Atlas-Wirbel als den „Abspaltungswirbel" bezeichnen, der durch ein unerträgliches Erlebnis und die dadurch entstandene massive, spontane oder länger anhaltende psychische Spannung, die sich in Muskelspannung ausdrückt, in eine Fehlstellung gezwungen wird.

Die Unerträglichkeit eines Traumas wird oft von Amnesie des Erlebten (sich nicht erinnern können, also Verdrängung, Abspaltung zum Schutz des Systems) begleitet. Als Traumafolgestörung können auch Dissoziationen auftreten, also eine verminderte und stark veränderte Wahrnehmung und Bewusstheit als Reaktion auf Trigger-Reize, die mit dem Trauma in Verbindung stehen.

Der Atlaswirbel kann aber auch vor und während der Geburt, zum Beispiel durch eine zu große Enge in der Gebärmutter, das Feststecken im Geburtskanal, eine Steißgeburt o. ä. blockieren, das heißt in einer Fehlstellung zum Kopf und zum nachfolgenden Axiswirbel blockiert sein.

Ich habe Hunde erlebt, deren Atlaswirbel so schief stand, dass der ganze Hund „schief“ war, also zu einer Seite verbogen war, sich nicht „gerade machen konnte“. Diese schiefe Fehlhaltung ist sicherlich sehr schmerzhaft.

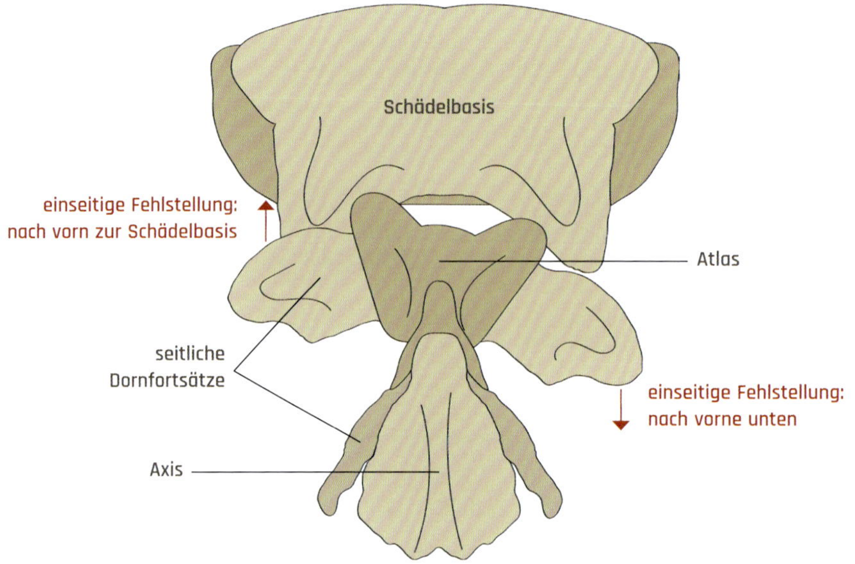

Dorsale Ansicht (von oben)

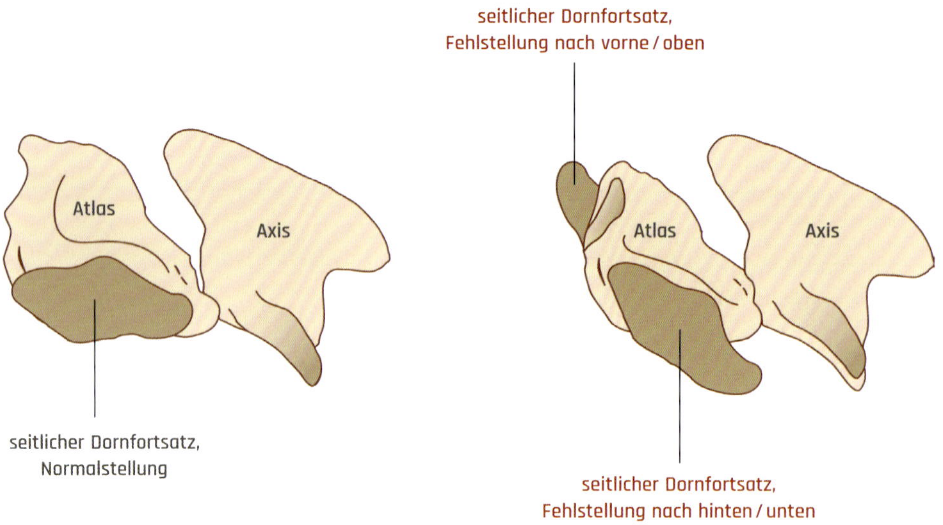

Laterale Ansicht (von der Seite)
(Vereinfachte Darstellung)

Eine vorsichtige und sachkundige Behandlung durch einen Osteopathen und die Unterstützung der Behandlung durch die Hundehalter (s.a. S. 196) kann sowohl die schmerzhafte Haltung korrigieren als auch eine größere körperliche Flexibilität herstellen, die mit einer Flexibilisierung des Geistes und der Psyche einhergehen kann.

Ein schiefstehender Atlaswirbel ist gut tastbar: Am Ende des Hundekopfes findet sich eine sanfte Rundung, wo der Hals sich dem Kopf anschließt. Direkt hinter den Ohren nach dieser Rundung sind seitlich zwei harte Knochen im Hals des Hundes ertastbar. Dies sind die seitlichen Dornfortsätze des Atlaswirbels. Beim Hund kann ich mit den Zeigefingern rechts und links zwischen das Schädelende und den Dornfortsatz fühlen und somit prüfen, ob der Abstand von Wirbel zu Schädel links und rechts gleich groß ist. Bei kleineren Hunden kann ich gegebenenfalls die Ringfinger oder kleinen Finger einsetzen. Selbstverständlich wird hierbei kein großer Druck ausgeübt.

Die sieben tief im Hundehals versinkenden Halswirbel, die die Halswirbelsäule bilden, steigen zum Widerrist hin, also zu dem Punkt, wo die nach oben ragenden Schulterblätter sicht- und spürbar sind, wieder an und die oberen Dornfortsätze sind hier sehr lang und gut fühlbar.

Bei einem sehr entspannten Hund kann man etwas mit den Zeigefingern an der Innenseite der Schulterblätter hinunterfahren und diese eventuell sogar leicht bewegen. Bei einem sehr verspannten Hund sind die Muskeln so fest, dass die Schulterblätter und die dazwischen liegenden Dornfortsätze der Wirbel nicht spürbar sind.

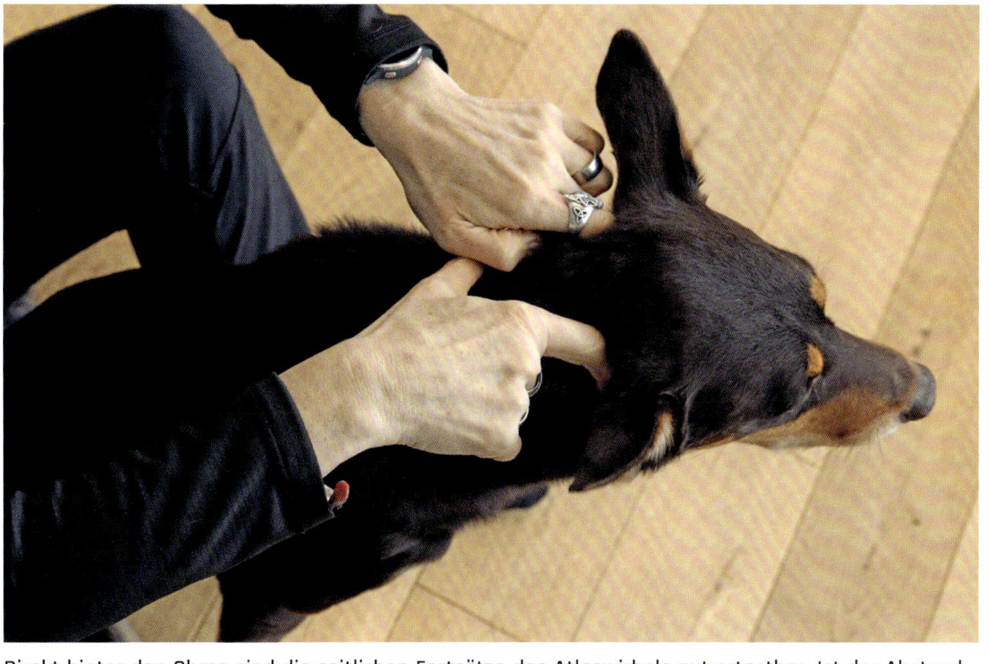

Direkt hinter den Ohren sind die seitlichen Fortsätze des Atlaswirbels gut ertastbar. Ist der Abstand von Wirbel zu Schädel rechts und links gleich groß?

Eine verspannte Muskulatur ist relativ einfach von einer gut trainierten Muskulatur zu unterscheiden: Trainierte Muskeln sind weich und elastisch, wenn der Hund entspannt ist. Verspannte Muskeln, insbesondere im Rücken, entspannen sich nicht in einer ruhenden Körperhaltung. Dies kennen wir Menschen auch: Der verspannte Nacken ist nicht mit ein bisschen Chillen auf der Couch zu entspannen!

Sehr häufig kann man bei Hunden hinter den Schulterblättern „einen Sattel" fühlen, das bedeutet sehr feste Muskelstränge, die oft sogar optisch von der Seite als Aufwölbung (Sattel) zu erkennen sind.

Hunde, die eventuell in den hinteren Extremitäten (zum Beispiel Hüften oder Knie), im Kreuzbein oder der Lendenwirbelsäule Probleme haben, verlagern ihr Gewicht oft nach vorn, d.h. die Arme müssen mehr Gewicht tragen und die Brustwirbelsäule wird leicht aufgewölbt, um die Verlagerung des Gewichtes nach vorne zu ermöglichen. Daraus entwickeln sich stark beanspruchte und verspannte Muskeln, die die Beweglichkeit der Wirbelsäule einschränken, sich wie ein Panzer um die Rippen legen und es erforderlich machen, dass diese zunehmende Unbeweglichkeit von anderen Teilen der Wirbelsäule (Übergang Brustwirbelsäule zu Lendenwirbelsäule und Halswirbelsäule) kompensiert werden muss.

In unserer Diagnostik können wir zum einen die verhärteten Muskeln fühlen, einen Sattel sehen, aber auch durch Bewegungsangebote beobachten, wie ein Hund sich drehen und wenden kann, wie beweglich und flexibel die Wirbelsäule ist. Auch hier empfiehlt es sich, immer mal wieder Videoaufnahmen mit dem Handy zu machen, um vergleichen zu können und eine Entwicklung zu erkennen.

Zu den aufschlussreichen Bewegungsangeboten gehören Drehbewegungen, aber auch das „Abtauchen" unter aufgestellte Stühle, um zum Beispiel ein Spielzeug zu holen.

Auch das Slalomgehen zwischen ein paar Stühlen im Wohnzimmer kann uns Aufschluss über die Beweglichkeit der Wirbelsäule geben.

Zu keinem Zeitpunkt arbeiten wir hier mit Druck oder Futterbestechung, sondern vielmehr mit Vorbildverhalten und entspanntem Spaß. Verweigert ein Hund bestimmte Bewegungen, gibt dies auch Aufschluss. Zumindest über die Selbsteinschätzung des Hundes.

„Sattel", verursacht durch sehr feste Muskelstränge, hinter den Schulterblättern gut zu erkennen.

Symptome von Wirbelblockaden oder: Die Symptomsprache der Wirbelsäule

Ist die Beweglichkeit der Wirbel gegeneinander eingeschränkt, spricht man von Blockaden. Wir kennen es von uns selber: Man wacht morgens auf und hat sich verlegen. Die Beweglichkeit der Halswirbelsäule ist eingeschränkt oder wir spüren ein Stechen an den Schulterblättern. Der Rücken fleht uns an, gemütlich liegen zu bleiben und wir fühlen uns um Jahrzehnte gealtert. Dann ist wahrscheinlich mindestens ein Wirbel blockiert.

Osteopathen oder Dorn-Therapeuten können Blockaden in unserer Wirbelsäule ertasten: Das Gewebe neben dem Wirbel ist schwammig angeschwollen durch eine akute Entzündungsreaktion, um die vermeintliche Notlage des Wirbels durch Stoffwechselvorgänge zu beheben.

Stecknadelkopf- bis erbsengroße harte Knötchen neben der Wirbelsäule deuten auf ältere Blockaden hin. Erfühlen wir diese bei unserem Hund selbst, können wir gezielt zu einem fachkundigen Profi (Osteopath, Dorn-Therapeut etc.) gehen oder uns an einen Coach für MotoKynogogik® wenden, der uns zeigt, wie diese lösen können.

Blockaden in der Wirbelsäule verursachen mannigfache Symptome, die sehr häufig somatischen Krankheiten zugeschrieben werden.

Der erste Halswirbel: Atlas (C1)

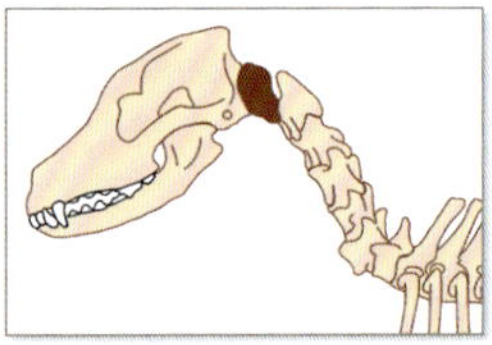

Eine Blockade des Atlas kann unterschiedlichste Symptome verursachen. Sowohl chronische Müdigkeit als auch Unruhe können auf eine Blockade hindeuten. Auch Verhaltensänderungen wie Schreckhaftigkeit, Angst, Unruhe, Aggression und Ungeduld, mangelnde Frustrationstoleranz und andere Auffälligkeiten können mit einer Blockade dieses Übergangs vom Kopf zum Körper einhergehen. Ebenso können die Leistungen der Sinnesorgane beeinträchtigt sein und von einer Gangunsicherheit oder unregelmäßigen Kopfbewegungen kann man auf Schwindelgefühle schließen.

Das Lösen einer Atlasblockade kann diese Symptome auflösen oder mäßigen. Je länger jedoch diese Blockade bereits bestand, desto leichter und schneller rutscht der Wirbel wieder in die alte Position. Da empfiehlt es sich, sich das Lösen der Blockade exakt (von einem Dorntherapeuten) zeigen zu lassen, um dem Hund die ständigen Besuche beim Behandler zu ersparen und den Geldbeutel zu schönen.

Der zweite Halswirbel: Der Axis (C2)

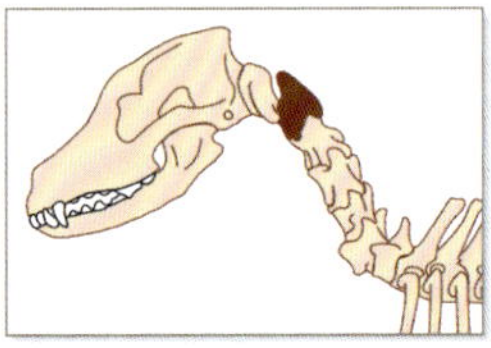

Der zweite Halswirbel ist mit dem Atlas durch ein Zwischenwirbelgelenk verbunden, aber zwischen diesen beiden Wirbelkörpern befindet sich keine Bandscheibe (s. a. S. 99). Dadurch sind diese zwei Wirbel besonders eng aneinander gelegen und beeinflussen sich sehr stark. Eine Blockade des zweiten Halswirbels kann Nebenhöhlenbeschwerden, Taubheit und Ohrenbeschwerden (Schütteln und Missempfindungen können zu Entzündungen führen) und Augenbeschwerden (tränende, entzündete Augen) verursachen. Ebenso eine eingeschränkte Beweglichkeit der Augen und in der Literatur finden sich sogar Hinweise auf einen Zusammenhang mit Allergien und Anfallsleiden.

Der dritte Halswirbel (C3)

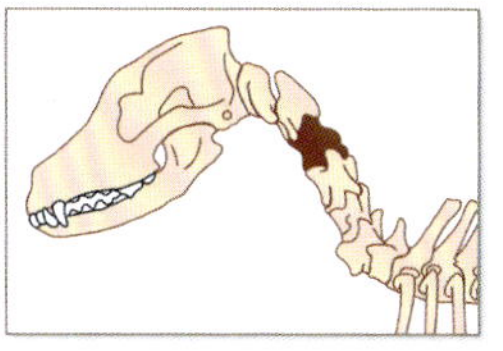

Der dritte und vierte Halswirbel sind am häufigsten an Bandscheibenvorfällen der Halswirbelsäule (bei Hund und Mensch) beteiligt. Die Wirbel fünf bis sieben sind selten betroffen. Eine Blockade des dritten Wirbels kann Nervenschmerzen, insbesondere des Trigeminus-Nervs, der Gesicht und Gehör versorgt, und sogar Nervenentzündungen verursachen.

Auch Haut- und Zahnprobleme können aus dieser Blockade resultieren. Bei Menschen lässt sich ein Zusammenhang mit dem Auftreten von Tinnitus herstellen. Es ist jedoch nicht bekannt, ob Hunde einen Tinnitus entwickeln.

Der vierte Halswirbel (C4)

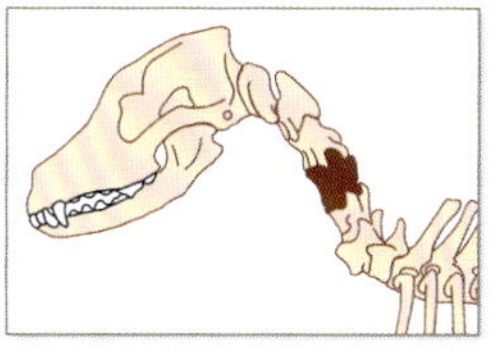

Auch eine Blockade des vierten Halswirbels hat starke Auswirkungen auf den Kopf und seine Sinnessysteme: Gehörverlust, Schwanken und Taumeln können darauf hindeuten, aber auch Atemprobleme wie das Rückwärtsniesen können damit in Zusammenhang stehen.

Der fünfte Halswirbel (C5)

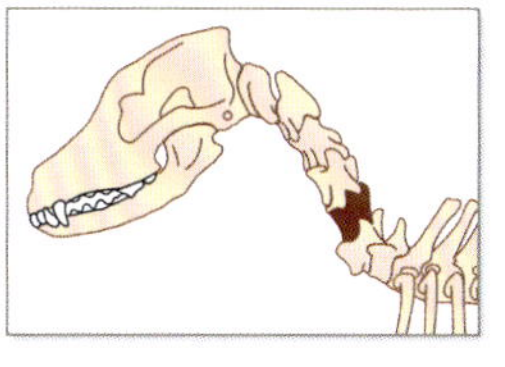

Eine Blockade des fünften Halswirbels kann ursächlich für eine Kehlkopfentzündung sein, die allerdings auch sehr oft durch starkes Ziehen an der Leine mit einem Halsband verursacht wird. Plötzlich auftretende Heiserkeit, vermehrter Speichelfluss, eine in der Bewegung eingeschränkte Schulter und Nervenschmerzen im Hals- und Brustbereich können ebenfalls Hinweise auf eine C5-Blockade geben. Die Nervenschmerzen im Hals und Schulterbereich lassen sich nur durch ungewohnte Berührungsempfindlichkeit unseres Hundes erahnen.

Der sechste Halswirbel (C6)

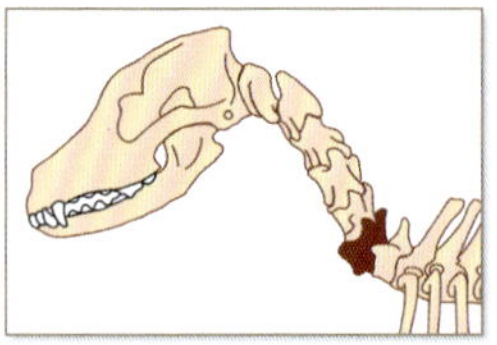

Der sechste Halswirbel hat direkte Auswirkungen auf die Beweglichkeit der vorderen Extremitäten des Hundes. Eine Blockade kann sich durch Probleme der Ellenbogen, aber auch Mandelentzündung und, ebenso wie bei C5, durch Husten und Heiserkeit ausdrücken, was ebenso wie beim Rückwärtsniesen durch eine Verkrampfung des Rachens oder der Halsmuskulatur ausgelöst wird und in diesem Fall nicht von einer Dysfunktion der Lunge.

Der siebte Halswirbel (C7)

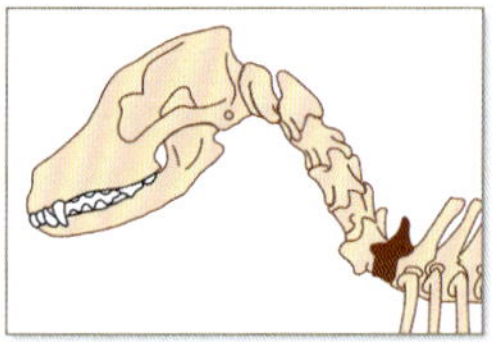

Der letzte Halswirbel hat Auswirkungen auf die Schilddrüse – eine Blockade von C7 kann somit Schilddrüsenerkrankungen verursachen. Ebenso können auch hier die vorderen Extremitäten und der Kehlkopf beeinträchtigt werden. Eine Verkrampfung des Kehlkopfes, die sehr schmerzhaft sein und Atemnot und heftiges Verschlucken auslösen kann, kann ebenfalls durch eine Blockade des siebten Halswirbels verursacht werden.

Der ersten drei Brustwirbel (Th1, Th2, Th3)

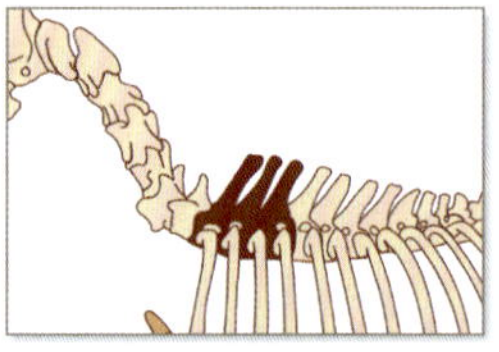

Eine Blockade von Th1 beeinflusst die Bronchien und die Lunge und kann Kurzatmigkeit, Bronchitis und Asthma verursachen. Auch eine starke Bewegungseinschränkung der Schulterblätter beim Hund kann durch eine massiv verspannte Muskulatur rund um die Dornfortsätze der ersten Brustwirbel entstehen. Die Schrittlänge der Hunde ist dann auffallend kurz. Eine Blockade der ersten drei Brustwirbel (Th1, Th2, Th3) ist schwieriger zu behandeln, da die Schulterblätter seitlich aufliegen. Ein gut sichtbarer Hinweis kann ein unerklärliches Humpeln an den vorderen Extremitäten sein, was sich durch häufiges Hochziehen des rechten oder linken Armes zeigt, wobei dies nach dem „Einlaufen" jeweils weniger wird. Es lassen sich bei einer Blockade dieser Wirbel keine Schmerzpunkte an den Extremitäten finden, da der Schmerz in der Wirbelsäule entsteht und sich nach unten fortsetzt.

Der vierte Brustwirbel (Th4)

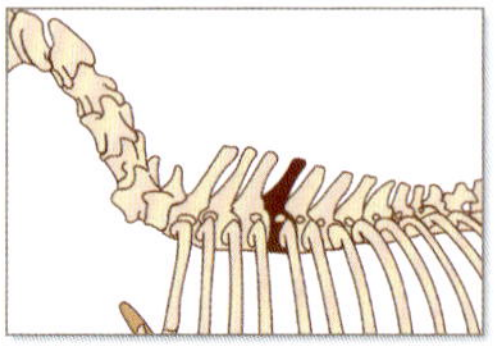

Der vierte Brustwirbel ist insbesondere für die Galle zuständig. Eine Blockade von Th 4 kann unterschiedliche Gallenleiden auslösen, die mit Übelkeit, Erbrechen (nüchtern „Galle spucken" beim Hund) aber auch Fieber, Blähungen und Verstopfungen einhergehen können.

Der fünfte und sechste Brustwirbel (Th5, Th6)

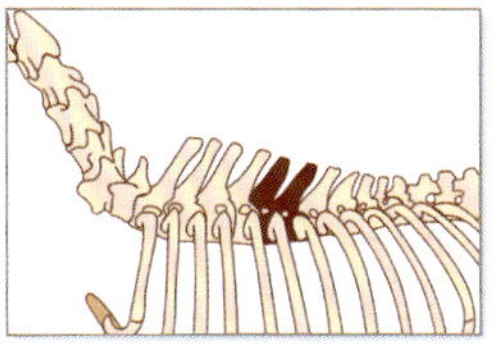

Blockaden dieser beiden Wirbel sind sowohl mit Magen- als auch mit Leberproblemen, einem verspannten Zwerchfell und eventuell sogar mit Herzproblemen (Rhythmusstörungen) assoziiert. Ein stark angespannter, schmerzhafter Bauch, der direkt hinter dem letzten Rückenbogen tastbar ist, deutet auf Zwerchfell-, Leber- und Magenproblematik hin. Das angespannte Zwerchfell erschwert die Atmung, der Hund muss viel Kraft aufwenden, um ein- und auszuatmen. Häufiges Sodbrennen kann ebenfalls auf eine Blockade im Bereich Th5 und Th6 hindeuten.

Der siebte, achte und neunte Brustwirbel (Th7, Th8, Th9)

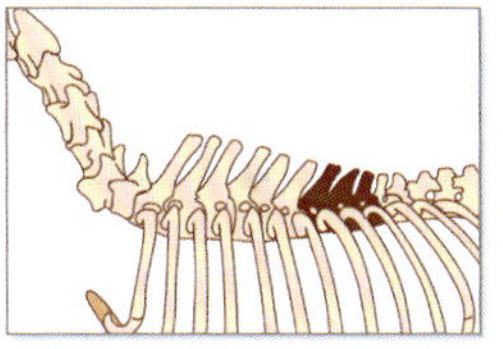

Eine Blockade von Th7, Th8 oder Th9 kann ebenfalls durch Magen- und Leberprobleme gekennzeichnet sein. Schwierigkeiten mit dem Dünndarm, der Bauchspeicheldrüse, der Milz und der Nebennierenrinde (dort findet die Produktion von Cortisol statt – wichtig für die Stressreaktion) sind jedoch typischer. Insbesondere die Bauchspeicheldrüsenentzündung ist sehr schmerzhaft und führt zu hohem Fieber des Hundes. Eine Entzündung des Dünndarms, Bauchspeicheldrüsenprobleme, Magen- und Leberprobleme können selbstverständlich auch mit der Ernährung unseres Hundes zusammenhängen. Sollten jedoch trotz einer Umstellung auf Barf (durch eine geschulte Barf Berater*in) und eine Entgiftung des Darmes die Symptome im Verdauungsapparat bestehen bleiben, kann dies auf eine Problematik der Wirbel hindeuten.

Blockaden des achten und neunten Brustwirbels können durch ihre Zuständigkeit für den Dünndarm Auslöser für Allergien und Unverträglichkeiten sein, da im Darm mindestens 70 % der körpereigenen Immunabwehr liegen. Ist die Funktionalität des Verdauungssystems, insbesondere des Darms, gestört, können auch Hautprobleme wie juckende oder nässende Ausschläge entstehen.

Der zehnte, elfte und zwölfte Brustwirbel (Th10, Th11, Th12), erster bis fünfter Lendenwirbel (L1, L2, L3, L4, L5)

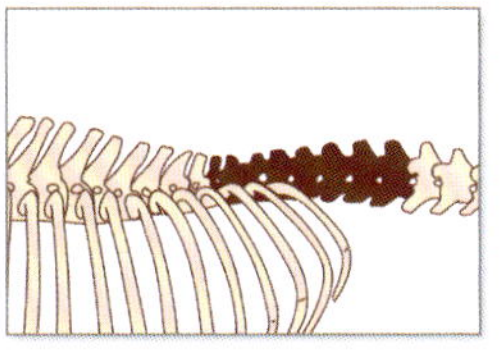

Neben dem Dickdarm gehören auch die Nieren, Eierstöcke, Gebärmutter oder Hoden, Blase und Harnleiter zu den von Blockaden dieser Wirbel betroffenen Organen.

Hauterkrankungen, aber auch hormonelle Beschwerden im Zusammenhang mit der Läufigkeit von Hündinnen oder dem Sexualverhalten von Rüden, Probleme mit Blasenentzündungen, Gebärmutterentzündungen und eine verminderte Stoffwechseltätigkeit der

Nieren können mit Blockaden einhergehen. Darmträgheit oder Dickdarm-Durchfall, Blähungen, körperliche Erschöpfung und sogar Unfruchtbarkeit können auftreten.

Bei derartigen Problemen, die nicht auf organische, diagnostizierbare (zum Beispiel durch Ultraschall) Dysfunktionen zurückzuführen sind, sollte ein Osteopath oder Dorn-Therapeut eine genaue Anamnese durchführen, um abzuklären, ob eine Wirbelblockade vorliegt und diese gegebenenfalls richten.

Der sechste, siebte Lendenwirbel (L6, L7) und das Kreuzbein (S1)

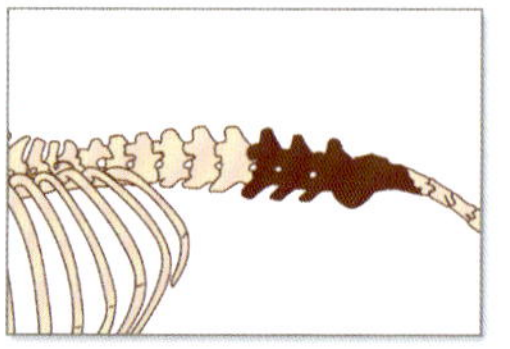

Die letzten Lendenwirbel können, neben dem Kreuzbein S1, in die hinteren Extremitäten, das Becken und auf die Hüfte ausstrahlen. Auch Knieprobleme als Folge der Unbeweglichkeit im Kreuzdarmbeingelenk (Iliosakralgelenk) können auftreten. Enddarmprobleme, erkennbar zum Beispiel durch Kotdrang und Schwierigkeiten beim Absetzen des Kotes, eine Überaktivität der Analdrüse oder Schwierigkeiten beim Leeren der Analdrüse können ebenfalls mit einer Blockade von L6, L7 und S1 zusammenhängen.

Ich habe allerdings auch schon erlebt, dass eine ganz einfache Behandlung der Faszien ab dem Kreuzbein (häufig sehr festes Bindegewebe über dem Kreuzbein!) zur Rute hin für eine Entleerung der Analdrüse gesorgt hat. Der Hund war erleichtert, die Decke, die zum Glück drunter lag, musste dringendst bei 90 Grad gewaschen werden.

Die Schwanzwirbel

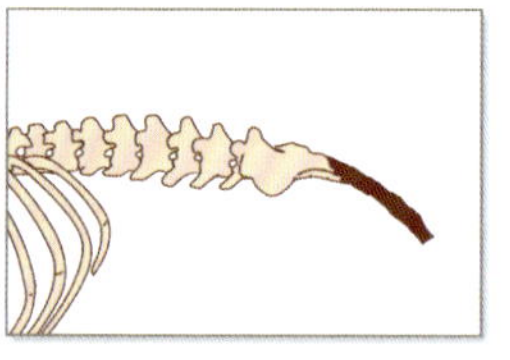

Hunde haben bis zu 23 Schwanzwirbel, die sich bei einem Hund mit einer „normalen" Rute (nicht kupiert, nicht verkürzt veranlagt, keine Ringelrute) nach hinten in der Form verjüngen, um in einer Rutenspitze zu enden.

Hunde haben in ihrer anatomisch normal entwickelten Rute eine starke Beweglichkeit und die Stabilität der Rute ist durch starkes Wedeln etc. nicht gefährdet.

Bei einer „Wasserrute" werden die Nerven und Muskeln durch Kälte und starke Bewegung, zum Beispiel beim Schwimmen im kalten Wasser, übermäßig beansprucht und es kommt zu Entzündungen, insbesondere im Rutenansatz. Die Rute wird in der Verlängerung des Rückens waagerecht getragen und hängt dahinter schlaff herab, der Hund wedelt kaum bis gar nicht, beleckt die Rute und hat offensichtlich Schmerzen. Die Hunde sollten unbedingt mit Wärme und entzündungshemmenden Medikamenten behandelt werden.

Hunde, die ihre Rute sehr häufig sehr hoch tragen, dort womöglich hochfrequent und maximal angespannt wedeln, entwickeln manchmal durch die große Anspannung im Cauda-Bereich und im Iliosakralgelenk eine Blockade, die gelöst werden sollte.

4. Faszien: In der Hülle liegt die Kraft

Der gesamte Körper von Säugetieren ist durchzogen von Bindegewebe. Knochen, Organe, Gelenke, Drüsen, das Gehirn, die Wirbelsäule, letztendlich alle funktionalen Strukturen sind umhüllt von einer Gewebeschicht. Gelenkkapseln (kollagenes, faseriges Bindegewebe) sorgen beispielsweise dafür, dass Gelenke nicht auseinanderfallen.

Das Bindegewebe (Faszien) dämpft und federt die Auswirkungen von Erschütterungen auf die Organe und Knochen ab, hält Organe an ihrem Platz und selbst, wenn man alle Organe und Knochen aus einem Körper entfernen würde, behielte er nur aufgrund der verschiedenen Fasziengewebe seine Form.

Zu den Fasziengeweben gehören unterschiedliche Strukturen, die unterschiedliche Aufgaben erfüllen. Die viszeralen Faszien (um die Organe herum) habe ich bereits oben erwähnt. Wir betrachten jetzt noch einmal genauer die oberflächlichen Faszien, weil diese es sind, die wir in unsere Diagnostik einbeziehen können.

Oberflächliche Faszien

Die oberflächlichen Faszien sind das Bindegewebe zwischen Haut und Muskulatur. Sie sind sehr stoffwechselintensiv und reagieren extrem auf psychische Spannung und Stress und haben einen eigenen Stoffwechsel.

Sowohl das Immunsystem als auch die Psyche werden von dem Zustand des Bindegewebsapparates beeinflusst. Verspannte Faszien beeinträchtigen zum einen den Abfluss von Lymphe, Schlacken etc. und können zum anderen einen Körperpanzer darstellen, der Missempfindungen, Engegefühle, Schmerzen und psychisches Unwohlsein auslösen kann. So kann ein Kreislauf aus Spannung, die auf die Faszien wirkt, die auf die Psyche wirkt, die auf die Faszien wirkt, und so weiter entstehen. Sich „locker und frei“ zu fühlen, im Austausch mit der Welt und im Einklang und mit einem guten Gefühl für sich, beschreibt auch einen körperlichen Zustand, der eng mit den Faszien und ihrer Funktion verbunden ist.

Verklebte, verspannte Faszien fühlen sich fest an, das Gewebe lässt sich nicht gut vom Muskel lösen. Dies probieren wir dann bitte auch nicht bei unseren Hunden, da dies sehr schmerzhaft wäre.

Wenn ein Körper viel (Abwehr-)Spannung hat, dann bemerkt man dies an den Faszien. Weiche, gut vom Muskel lösbare Faszien (nicht schlaff, sondern elastisch!) sind durchlässig: Innere Spannungs-Zustände können abgebaut werden, Spannung kann weichen, äußere Einflüsse (z. B. Berührungen) gelangen nach innen und können Wohlbefinden auslösen.

Verklebte Faszien sind nicht durchlässig. Der Organismus ist in seinen Spannungen gefangen, Berührungen können Missempfindungen auslösen oder sogar schmerzen. Nicht elastische Faszien sind wie eine tote Hülle, lassen Empfindungen nicht hinaus und Berührungen nicht hinein.

Faszinierte Hunde

Um die Beschaffenheit der Faszien zu erkennen, können wir manuell „Faszien ziehen", bzw. rollen. Am einfachsten beginnen wir damit im Nacken, noch besser auf der Stirn des Hundes. Die meisten Hunde haben im Nacken sehr viel Haut, die sehr locker ist. Auf der Stirn jedoch liegt das Gewebe sehr eng an und ist schwerer zu greifen. Wir können, je nach Größe des Hundes, mit beiden Händen im Nacken eine Hautfalte nehmen und diese vom Kopf weg zu den Schulterblättern zwischen den Fingern rollen. Fühlt sich dieses Gewebe gleichmäßig elastisch an, ist es gut.

Beginnen wir auf der Stirn, dann lösen wir die Hautfalte vorsichtig mit den Fingerspitzen und rollen über den Nacken weiter (s. a. S. 202).

Normalerweise sind die Faszien über den Schulterblättern fester mit den Muskeln darunter verbunden, das Gewebe lässt sich nicht so weit vom Untergrund lösen wie am Hals. Ist es gar nicht möglich, am vorderen Teil des Rückens, über der Brustwirbelsäule, die Faszien zu rollen, dann deutet dies mindestens auf psychische Spannung, eventuell auf Blockaden in der Wirbelsäule oder andere körperliche Probleme hin.

Häufig fühlen sich die Faszien an den verschiedenen Stellen des Rückens unterschiedlich an. Hunde, die körperlich sehr stark gefordert werden oder die eine Schwäche der hinteren Körperpartie durch Entlastung nach vorne auszugleichen versuchen, haben häufig im Brustwirbelsäulenbereich verhärtete, verklebte Faszien.

Hunde mit einem sehr langen Rücken, der zum Durchhängen neigt oder einer Problematik im Iliosakralgelenk, Cauda-Bereich, Hüfte etc. haben auch im Bereich der Lendenwirbelsäule feste Faszien, die sich kaum rollen lassen. Hier kann es vonnöten sein, weitere Diagnostik bei Fachleuten (Physio, Osteo, Vet) zu veranlassen.

Sind die Rückenfaszien sehr locker, ist es eventuell sogar möglich, mit den Fingerspitzen darunter die unterste Faszie der drei die Wirbelsäule umgebenden Bindegewebshüllen zu fassen und eine Winzigkeit vom Untergrund abzuziehen. Dies sollte für den Hund angenehm sein und auf keinen Fall Schmerzen verursachen!

Die Diagnostik in Bezug auf die Faszien um Organe und Gelenke (z.B. Knie) sollten wir den Fachleuten (Osteopathen) überlassen.

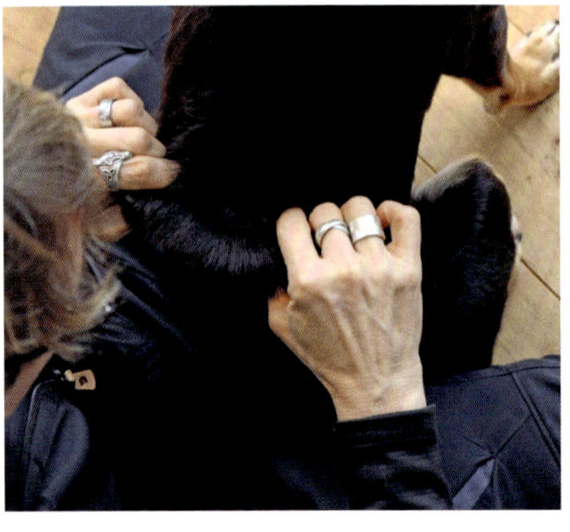

Die Faszien im Bereich der Lendenwirbelsäule lassen sich leicht lösen.

5. Motodiagnostik: Jetzt mal „Butter bei die Fische"!

Unter dem Begriff Motodiagnostik verstehen wir unterschiedliche Methoden zur quantitativen und qualitativen Erfassung individueller Motorik.

Dazu gehört die Beobachtung von motorischen Aktivitäten unseres Hundes in möglichst entspannten Situationen im gewohnten Umfeld. Hier können wir Hunde sehen, wie sie sich hoffentlich ohne Ängste und Sorgen motorisch verhalten, wie angespannt oder entspannt sie „normalerweise" sind. Wir erhalten einen Eindruck, den wir im Weiteren gut mit der Motorik und dem Verhalten in reizstarken oder sogar stressigen, beängstigenden Situationen vergleichen können.

Bewegt ein Hund sich im Wohnzimmer und Garten vollkommen elastisch, rund und gleichmäßig, steigt mühelos Stufen und bewegt sich geschickt zwischen Stühlen und über kleine Hindernisse, tritt draußen jedoch eckig, staksig, unrund und ungleichmäßig, galoppiert plötzlich im Häschen-Galopp oder fällt andauernd in den Passgang, dann können wir erahnen, dass dies eher psychisch als physisch bedingt sein könnte.

Die Aufgabenstelllung beeindruckt Nala so sehr, dass sie fluchtartig den Parcours verlässt. Auf Herausforderungen reagiert sie mit kopfloser Vermeidung.

Andauernde psychische Spannungen, die dauerhaft auf die Physis einwirken, können natürlich auch körperliche Probleme entstehen lassen oder bestehende verstärken.

Die Beobachtung der sogenannten Eigenaktivität des Hundes (Spontanbewegung) kann uns Aufschluss über eventuelle nervliche Schädigungen oder Störungen geben. Spontanbewegungen sind ungesteuerte Bewegungen, die sich der individuellen Kontrolle entziehen. Zuckungen der Arme oder Beine können wir immer mal wieder bei unseren Hunden auch außerhalb des Schlafes beobachten. Sehr oft entstehen diese Bewegungen nach einer ungewöhnlichen Belastung als Reaktion der Muskeln auf Überforderung. Auch mangelnde Durchblutung durch etwa eine ungünstige Liegeposition kann Zuckungen auslösen.

Treten diese Spontanbewegungen jedoch regelmäßig zum Beispiel beim Einschlafen auf (Restless Legs), dann kann dies ein Hinweis auf eine neuropathische Störung, eine Schilddrüsen- oder Nierenerkrankung oder auch ein Hinweis auf einen Mangel an Eisen oder Magnesium sein. Spontanbewegungen, die musterhaft immer wieder auftreten und die der Hund offensichtlich nicht steuern kann, sollten von einem Tierarzt oder bei Verdacht auf eine Mangelerscheinung von einem Ernährungsberater begutachtet werden.

In die Motodiagnostik beziehen wir außerdem die Beobachtung von explorativem Verhalten ein. „Exploration" bedeutet das freiwillige, selbstgewählte Erkunden der Umwelt (Gegenstände und Umgebung). Wie neugierig, aufgeschlossen, interessiert oder skeptisch ist ein Hund gegenüber den von uns angebotenen Reizen und Gegenständen? Wie schnell erschließt sich unser Hund neue Umgebungen, bzw. wie stark vermeidet er neue Erfahrungen und ist verunsichert durch fremde Umgebungen. Hierbei geht es nicht um Adaptation, also die Anpassung an gegebene Reize wie Lautstärke, Kälte oder komplexe Reize wie Straßenverkehr, sondern die selbstgewählte Erkundung und das Interesse an neuen Erfahrungen.

Es gibt Hunde, die sich einer Kiste mit Spielzeugen nur äußerst vorsichtig nähern, immer auf dem Sprung sind und bereit, Reißaus zu nehmen, und andere die sich kopfüber in die Kiste mit Rasseln, Klingeln, Quietschspielzeugen, Stofftieren, Glöckchen, mit Kronkorken oder Linsen befüllte PET-Flaschen stürzen und alles ausprobieren möchten. Die Freude an der Erfahrung setzt ein gewisses Maß an positiver Erwartung und Urvertrauen voraus.

Ein sehr wesentlicher Teil der Motodiagnostik ist die Beobachtung der Soziomotorik eines Individuums (gegenüber Bekannten und Fremden). Die Art und Weise, in der ein Hund auf seine belebte Umwelt zugeht, gegen sie anrennt oder sie vermeidet, ist einerseits zwar abhängig von der rassetypischen Motorik, ist aber auch, und das sehr wesentlich, geprägt durch die frühesten Sozialerfahrungen im Wurf, mit der Hundemama und den ersten Menschenbegegnungen. Diese frühen Erfahrungen beeinflussen sehr stark die Selbstwahrnehmung des Individuums, auch von uns Menschen, und beeinflussen intensiv, wie wir uns anderen nähern. Wir kennen den Spruch „Wie es in den Wald hineinruft, so schallt es zurück". Damit ist zum einen natürlich die menschliche Sprache gemeint, aber ebenso das komplexe motorische Handeln gegenüber der Außenwelt. Und je gröber die Handlung nach außen, desto gröber die Antwort, die dann ihrerseits als unangenehme Erfahrung die Spannung und weiteren motorischen Verhaltensweisen bei den nächsten Kontakten beeinflusst. Dabei entscheiden die Hunde nicht „Heute bin ich grob", sondern sind normalerweise darum bemüht, keine Konflikte zu beginnen.

Exploration: Neo erkundet die „Zauberkiste“.

6. Checkliste Motorische Verhaltensweisen: Wie bist du wirklich?

Motorische Verhaltensweisen zu beobachten und zu Verhaltensmustern zusammenzufassen erleichtert es uns, einen Eindruck von der Motorik unseres Hundes zu bekommen, unabhängig von Krankheits- und Störungsbildern. Wir erfassen motorische Verhaltensweisen, um abzuschätzen, welche Förderung für unseren Hund wertvoll wäre und wie wir ihm eine Weiterentwicklung ermöglichen können.

Ich verwende die Checkliste von Friedhelm Schilling, der sie für Kinder entwickelt hat, um die Motorik von Hunden im „Normalzustand" zu kategorisieren. Das erleichtert es, Widersprüche und Unregelmäßigkeiten in der Motorik des Hundes zu entdecken und den „Förderbedarf" einzuschätzen und einzugrenzen.

Wir Menschen haben in den Hunderassen unterschiedliche motorische Verhaltensweisen züchterisch etabliert und verstärkt. So erwartet niemand, dass sich eine kraftvolle Bulldogge so bewegt wie ein zarter Saluki. Eine Bulldogge sollte ursprünglich mit Bullen, also wehrhaftem Vieh, umgehen und ein Saluki vom Pferd abgesetzt einen Hasen hetzen. Die Kraft der Bulldogge und die Leichtigkeit und Wendigkeit des Saluki waren motorisch vonnöten, um ihre Aufgaben zu erfüllen.

Gleichzeitig vermitteln die motorischen Verhaltensweisen jedoch auch einen Zusammenhang zwischen Psyche, Geist und Körper. Die Art, sich zu verhalten, also zu bewegen, ist immer auch abhängig und Ausdruck dessen, wie ein Individuum sich fühlt und spürt.

Betrachten wir also die Checkliste der motorischen Verhaltensweisen und wenden diese auf unsere Hunde an. Dabei können an mehreren Stellen Kreuze gemacht werden und am Ende wird sich ein ungefähres Abbild des motorischen Verhaltens unseres Hundes ergeben. Die Auswertung der Checkliste finden Sie dann im Praxisteil (Teil 3) ab S. 141.

Checkliste motorischer Verhaltensweisen von Friedhelm Schilling in Anwendung auf Hunde (MotoKynogogik®)

	+	-		+	-		+	-
gewandt			unkonzentriert			aktiv		
tolpatschig			anstrengungsfreudig			umtriebig		
unausgewogen			arhythmisch			träge		
leichtfüßig			bedächtig			ruckartig		
reaktionsschnell			unsicher			geschlechtsspezifisch		
bewegungsgehemmt			bequem			furchtsam		
abrupt			übereifrig			stetig		
unbeherrscht			zappelig			heftig		
langweilig			plump			fahrig		
gleichmäßig			lebhaft			tapsig		
umständlich			unelastisch			sicher		
unkontrolliert			planlos			müde		
konzentriert			vorschnell			leicht		
bewegungsfreudig			linkisch			abgehackt		
überschießend			tänzerisch			hastig		
gesammelt			unruhig			konstant		
unharmonisch			besonnen			zügig		
geschmeidig			behände			eckig		
ausfahrend			übereilig			elegant		
unbeholfen			schleppend			ruhig		
anmutig			fein			zerfahren		
schwerfällig			kantig			holprig		
sprunghaft			ungeschickt			stereotyp		
staksig			langsam			kontrolliert		
zähflüssig			federnd			graziös		
ablenkbar			beherrscht			bewegungsbegabt		

Download zum Ausdrucken und Ausfüllen:

Es ist sinnvoll, diese Tabelle sowohl für den entspannten Zustand des Hundes zuhause, im Garten, an gewohnten Plätzen auszufüllen als auch für potenziell aufregende Situationen wie etwa im Urlaub. So können wir erkennen, ob es sich um manifeste oder spannungsabhängige (Stress) motorische Verhaltensweisen handelt.

Verändern sich die motorischen Verhaltensweisen eklatant in den unterschiedlichen Situationen, dann ist dies sehr aussagekräftig für die psychische Befindlichkeit unseres Hundes und wir sollten den Ursachen dafür auf den Grund gehen.

Wir können durch reine Beobachtung der situativen Veränderung der Motorik zukünftig unseren Hund besser verstehen und herausfordernde Situationen einschätzen, vorbeugen oder für unseren Hund so managen, dass die Anspannung nachlässt oder gar nicht erst entsteht.

7. Tabellen zur Diagnostik

Nach der Zuordnung in der Checkliste der motorischen Verhaltensweisen können wir nun anhand von gezielten Übungen und Aufgaben, deren Ergebnisse wir tabellarisch festhalten, noch tiefer in die Diagnostik einsteigen.

Anhand der Aufgaben der folgenden Tabellen lassen sich „Problemzonen“ im körperlichen und seelischen Bereich lokalisieren. Die Auswertung der Tabellen und der Checkliste finden sich im dritten Teil des Buches (Praxis).

Die Tabellen sind folgendermaßen aufgebaut:

Unter „Ausführung, Angebot“ findet sich die Beschreibung der Aufgabe, wobei „Angebot“ meint, dass die Hunde nicht genötigt werden sollen, diese Handlungen auszuführen. Verweigert ein Hund sich, dann kann es sein, dass er sich die Aufgabe nicht zutraut. Auch dies ist ein Hinweis, der wertvoll ist, da wir in der Motodiagnostik ja erfassen wollen, welche motorischen Möglichkeiten, Schwierigkeiten und seelischen Hemmnisse unser Hund hat.

Wenn es irgendwie möglich sein sollte, wäre es gut, wenn der Hund nicht mit Leckerchen oder anderen Belohnungen zur Handlung ermutigt wird, da er dann nur an die Belohnung denkt und sich nur vermindert selbst spürt. Das wäre für unsere Diagnostik problematisch.

Nachdem der Hund die Aufgabe ausgeführt hat (oder eben auch nicht) kann in der Tabelle eingetragen werden, ob dies für ihn einfach war, mittelschwer oder schwer.

Es empfiehlt sich, alle Übungen mit dem Handy zu filmen und in kurzen Einzelsequenzen zu speichern. Somit hat man Vergleichsmöglichkeiten und kann später darauf zurückgreifen.

Sollten sich in den Übungen Auffälligkeiten zeigen, können die Filme auch für eine Diagnostik beim Tierarzt, Physiotherapeuten, Osteopathen oder MotoKynogogik® Coach verwendet werden.

Kraft und Vorne-Hinten-Koordination: Höher, weiter, passender

Die Aufgaben, die in dieser Tabelle (S. 204) aufgelistet sind, können uns darüber Aufschluss geben, wie viel Kraft unser Hund aus den Hinterbeinen mobilisieren kann, um auf eine Plattform zu springen. Dabei wird die Höhe der Plattform dem Hund angepasst. Auf Brusthöhe zu springen ist für die meisten gesunden Hunde sehr einfach. Viele können ein Mehrfaches ihrer Körperhöhe im Sprung bewältigen.

Die Plattform sollte so ausgewählt werden, dass der Hund zwar eine begrenzte (Insel) Fläche wahrnimmt, aber nicht so klein, dass er befürchten muss, durch den Schwung des Sprunges gleich wieder abzustürzen.

Die Gangarten lassen sich am aussagkräftigsten beurteilen, wenn wir unseren Hund einmal an einem für ihn sehr sicheren Ort, zum Beispiel im Garten, an der Leine in den drei Gangarten gehen und laufen lassen und ihn dabei mit dem Handy filmen, und dies an einem etwas aufregenderem Ort, zum Beispiel im Park, wiederholen.

Um für uns die Gangarten auswertbar zu machen, reicht es schon, ein Handy geschickt auf einer Bank oder einem Gartenstuhl zu positionieren, falls niemand zur Verfügung steht, der diese Aufgabe übernehmen könnte.

Beim Filmen wäre es gut, wenn wir so an der Kamera vorbeilaufen würden, dass kurze Sequenzen von vorne, von beiden Seiten und von hinten entstehen, damit wir Unregelmäßigkeiten im Bewegungsablauf sehen können.

Die Rückwärts-, Seitwärts- und Drehbewegungen auf allen vier Pfoten sind zu Beginn für die Hunde am ehesten an der Leine ausführbar.

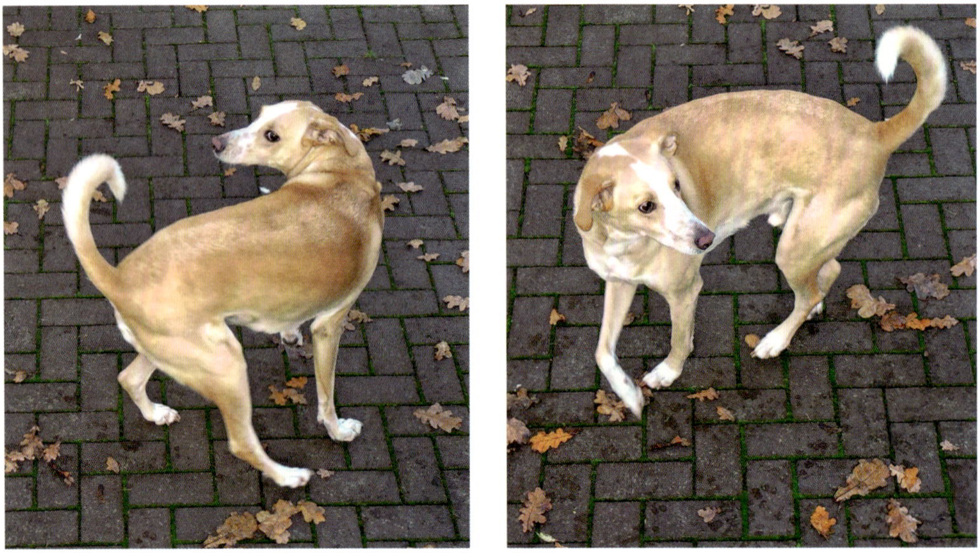

Yuma setzt in der Drehung die hinteren Gliedmaßen verzögert nach. Die Koordination erscheint eingeschränkt.

Rückwärts gehen Hunde außerordentlich selten. Engpässe, aus denen sie rückwärts hinausgehen müssen, vermeiden die meisten, darum findet sich im Praxisteil eine Beschreibung, wie das Rückwärtsgehen aufgebaut werden kann.

Die Rückwärtsbewegung erfordert ein hohes Maß an Koordination zwischen den vorderen und hinteren Extremitäten und ist ein komplexer motorischer Vorgang, der auch von uns Menschen koordinatorisches Geschick erfordert, obwohl wir „nur" zwei Beine zum Laufen benötigen und so finden sich heute immer mehr Kinder, die nur schwer rückwärts gehen, geschweige denn laufen können, da der Medienkonsum und mangelnde freie Bewegung die nötige Übung der Motorik vermissen lassen.

Nicht alle Hunde können oder wollen vom Menschen an den Vorderpfoten gehalten und spazierengeführt werden. Verweigert ein Hund dies, dann sollten wir nicht versuchen, ihn dazu zu bewegen. Für viele ist dies verunsichernd oder motorisch schwierig. Hunde mit einem sehr langen Rücken können Probleme haben, die Spannung im Rücken aufzubauen, die es braucht, um sich auf zwei Pfoten zu halten. Zudem stellt das frontale Aufrichten vor dem menschlichen Körper, ähnlich wie das Vorsitzen, eine Provokation/Konfrontation dar, die einige Hunde lieber vermeiden. Mein Kelpierüde Wim lässt sich sehr gut seitlich neben mir auf zwei Beinen vorwärts, rückwärts und im Kreis führen. Das Setzen der Pfoten in der Kreis-Bewegung erfordert ebenfalls ein höheres Maß an Koordination.

Bei den Übungen über Cavaletti oder durch Reifen zu steigen wird zum einen die Koordination (wie hoch und wie weit muss vorne und hinten getreten werden) gefordert als auch die Beweglichkeit der Wirbelsäule überprüft. Die höhere Einstellung bei den Cavaletti fordert eine starke Knie- und Handgelenksbeugung und seitliche Beweglichkeit der Wirbelsäule, die Muskulatur insbesondere der Oberschenkel wird stark beansprucht.

Mit diesen Übungen haben wir ein gutes diagnostisches Instrument und gleichzeitig eine vortreffliche Möglichkeit, die Muskulatur zu fördern.

Moije konzentriert über den Cavaletti: Hier können wir gut die Beweglichkeit der Wirbelsäule überprüfen.

Diagnostische Übungen

Kraft und Vorne-Hinten-Koordination

Nr.	Ausführung, Angebot	leicht	mittel	schwierig
1.	Auf Brusthöhe (Hund) springen lassen (Plattform, Stuhl, Kiste), abbremsen auf Plattform			
2.	Auf Plattform sitzen, stehen, umdrehen, absteigen			
3.	Gangart Schritt (gleichmäßig, kein Passgang?)			
4.	Gangart Trab (gleichmäßig, kein Passgang?)			
5.	Gangart Galopp (kein „Häschengalopp“ > beide Pfoten gleichzeitig aufgesetzt?)			
6.	4-Pfoten-Stand, rückwärts, vorwärts, seitwärts gehen, drehen			
7.	2-Pfoten-Stand (am Menschen aufrichten), rückwärts, vorwärts, seitwärts gehen, drehen			
8.	Durch Autoreifen (oder Kartons, über Kissen etc.) steigen			
9.	Cavaletti (oder Besenstiele etc.), im Schritt, auf den Boden legen			
10.	Cavaletti (oder Besenstiele etc.), im Schritt, höhere Einstellung, Handgelenk oder Ferse des Hundes			

Sensomotorik, Propriozeption

Einige Hunde sind visuomotorisch (Auge-Maul-Hand Koordination) geschickt: Sie halten mit ihren Pfoten eine Kaustange und knabbern genüsslich. Ohne Daumen etwas zu halten erfordert ein hohes Maß an Geschick und Koordination. Das Greifen bewegter Gegenstände (zum Beispiel ein an einer Schnur gezogenes Spielzeug, ein gerollter Ball o.ä.) unterschiedlicher Größe mit dem Maul setzt voraus, dass die Distanz zu dem Gegenstand und das Tempo, mit dem er bewegt wird, „berechnet" werden muss, um ein zielgerichtetes Greifen möglich zu machen. Die Distanz zu den Gegenständen wird durch das visuelle Zentrum im Gehirn ermittelt.

In jedem Gelenk, aber auch in Faszien und Muskeln finden sich Rezeptoren, die die genaue Lage des Körpers im Raum „berechnen". Nur so ist es möglich, zum Beispiel mit der Pfote zielgerichtet hinter dem Ohr zu kratzen. Diese rezeptorische Wahrnehmung nennt man Propriozeption. Ohne propriozeptive Rezeptoren würden wir nicht in die Hände klatschen können, weil eine Hand die andere nicht treffen würde. Ohne sie wäre auch eine Auge-Maul-Hand-Koordination nicht möglich.

Auch Kinder müssen die Koordination vom Auge zur Hand oder zum Fuß erst erlernen. Fußball zu spielen, den Ball richtig zu treffen, die Flugbahn eines geschossenen Balles einzuschätzen, um den Ball mit dem Kopf zu treffen, bedeutet ein komplexes Zusammenspiel von Auge und motorischer Aktivität (Sensomotorik).

Ein Paket, in dem sich zum Beispiel ein Kauartikel oder ein Beute-Beutel befindet, auszupacken, erfordert diese Koordination. Einige Hunde setzen hierbei fast ausschließlich ihre Pfoten, andere ihr Maul ein. Das Zusammenspiel beider „Greifwerkzeuge" ist sicher am effektivsten, aber die meisten Hunde haben ihre Präferenzen. Ein deutlich größeres Paket, bei dem der ganze Körper eingesetzt werden muss, fordert den motorischen Einsatz des ganzen Körpers. Auf diese Weise lassen sich ganz wunderbar Pappkartons für die Entsorgung im Altpapier zerkleinern.

Das Umwerfen einer Pylone oder eines anderen bewältigbaren Gefäßes, um an ein darunter verstecktes Spielzeug oder ein anderes lohnendes Ziel zu kommen, ist ebenfalls für einige Hunde ganz einfach, für andere eine riesige, abstrakte Herausforderung. Die Königsdisziplin in diesem Feld ist sicher das Herausziehen eines Gegenstandes oder Beute-Beutels aus einer beweglichen, d.h. nicht irgendwo fixierten Röhre. Dies erfordert von unserem Hund zum einen das Fixieren der Röhre und zum anderen das Herausziehen mit dem Maul. Ein Stück Regenrohr, Plastikrohr aus dem Baumarkt ist hierfür, bei entsprechender Größe des Hundes, sehr gut geeignet. Für ganz kleine Hunde ist auch eine Papprolle vom Küchenpapier sehr gut geeignet.

Diagnostische Übungen

Sensomotorik und Propriozeption

Nr.	Ausführung, Angebot	leicht	mittel	schwierig
1.	Paket auspacken (in Zeitungspapier, mit Kreppklebeband verklebt), kleiner als Brusthöhe			
2.	Paket auspacken (in Zeitungspapier, mit Kreppklebeband verklebt), höher als Brusthöhe			
3.	Greifen eines liegenden Gegenstands			
4.	Greifen eines bewegten Gegenstands			
5.	Pylonen (oder andere Gefäße) umwerfen			
6.	Gegenstand aus beweglicher Röhre (Stück Regenrohr) ziehen			

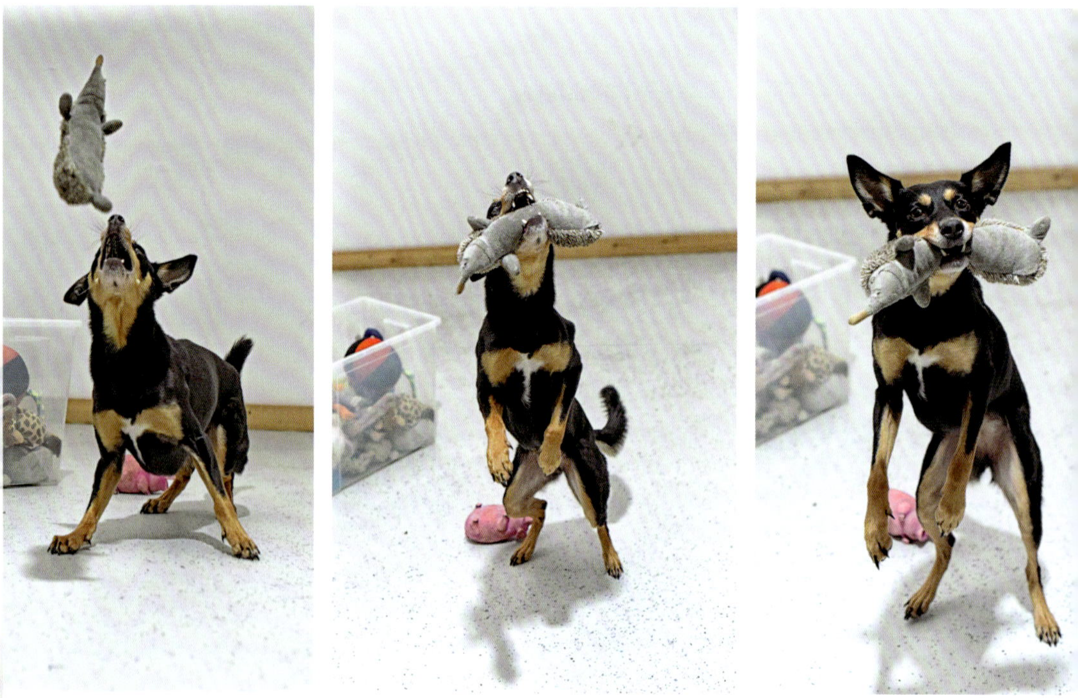

Auch das Fangen von Gegenständen erfordert eine gute Koordination.

Körperschema, Gleichgewichtssinn

Bei diesen Übungen passen wir die Ausführung wieder an die Größe und Breite unseres Hundes an. Die Stühle, die keine regelmäßige Gasse bilden, sondern verwinkelt und locker stehen sollten, stellen wir so auf, dass unser Hund durch einige Lücken gut hindurchpasst und bei anderen nicht hindurchpassen würde. Anhand dieser Übung können wir erkennen, für wie groß unser Hund sich hält, also wie sein Körperschema, sein inneres Abbild von sich ist.

Um zu erreichen, dass unser Hund sich überhaupt durch die Stühle bewegt, kann es hilfreich sein, sie zum Beispiel im Flur aufzustellen, sodass das Wechseln von Raum zu Raum durch die gestellten Stühle erfolgen muss. Dabei sollten wir jedoch unbedingt daran denken, die Stühle zur Nacht wieder an ihren Ursprungsort zurückzubringen. Sonst droht ein schmerzhaftes Erwachen beim nächtlichen Gang zum WC!

Auch das Kriechen unter ein Hindernis, um zum Beispiel ein Spielzeug darunter hervorzuholen, macht das Körperschema des Hundes deutlich.

Weiche Untergründe, wie zum Beispiel eine Luftmatratze, fordern den Gleichgewichtssinn unserer Hunde. Ich kann nur empfehlen, selbst einmal über eine nicht ganz straff aufgepumpte Luftmatratze zu gehen: wir merken schnell, wie sehr der Gleichgewichtssinn gefordert wird!

Wenn kein Trampolin „zu Hand" ist, kann die Sitz- und Drehübung auch auf der Luftmatratze gemacht werden.

Eine weitere Variante des Balancierens ist das Stehen auf sogenannten Balancepads. Diese kleinen Luftpolster sind definitiv einfacher zu befüllen als eine Luftmatratze und können aufgepumpt problemlos gelagert werden. Sie eignen sich sehr gut für viele (psycho-)motorische Übungen und zur Diagnostik.

Morgul schätzt sich richtig ein.

Wim balanciert.

Diagnostische Übungen *Körperschema und Gleichgewichtssinn*

Nr.	Ausführung, Angebot	leicht	mittel	schwierig
1.	Bewegung durch eng gestellte Stühle hindurch (Stühle, Kisten, Kartons, Eimer, unregelmäßig gestellt)			
2.	Kriechen unter Hindernissen hindurch (Stuhl, Bank, Äste)			
3.	Bewegung über weichen Untergrund (Kissen, Sand, Luftmatratze)			
4.	Stehen, Sitzen, Umdrehen auf dem Trampolin			
5.	Balancieren (Balance Pads, Baumstamm, Bank)			

Sensomotorik, Vorzugsseite, Sensibilität

Viele Hunde haben eine sogenannte Vorzugsseite, über die sie sich leichter drehen können. Dies fällt im Alltag selten auf, aber es bedeutet, dass sie sich in einer Kreisbewegung immer gleich herum drehen würden: Entweder mit oder gegen den Uhrzeigersinn. Ich kenne es von unseren Hütehunden, dass sie lieber die eine oder andere Seite der Schafherde flankieren oder beim Umkreisen der Herde eine Seite bevorzugen. Die jeweils andere Seite fällt ihnen schwer.

Dies können wir testen, in dem wir unsere Hunde vor unserem Körper eine Kreisbewegung gehen lassen. Dafür nehmen wir einen (nicht essbaren) Gegenstand wie ein Spielzeug in die Hand und führen diesen vor dem Hund im Kreis. Dabei drehen wir einmal mit und einmal gegen den Uhrzeigersinn.

Sich alle vier Pfoten einzeln geben zu lassen gibt Aufschluss darüber, wie gut und schnell unser Hund sein Gewicht von einer Seite auf die andere verlagern kann, wie effektiv die Propriozeption funktioniert, also der Hund eine „Schieflage" durch Gewichtsverlagerung ausgleicht und das Gleichgewicht hält.

Die Sensibilität der Pfoten für Reize von außen testen wir mittels Puzzlematten aus dem Physio-Bedarf (unterschiedlich gestaltete Oberflächenstruktur von Gummimatten) oder auf unterschiedlichen Untergründen wie zum Beispiel Kies, Tannenzapfen, Sand, Gitterrosten oder ähnlichem. Dabei ist es wichtig, den Hund nicht zu nötigen, wenn ihm dies

Wim hat ein gutes Gleichgewichtsgefühl.

unangenehm ist. Scheut unser Hund vor den seltsam aussehenden Matten zurück, ohne auch nur eine Pfote darauf gesetzt zu haben, bietet es sich an, die Matten, ähnlich wie die Stühle, so in den Alltag zu integrieren, dass eine Gewöhnung entstehen kann. Die Matten können „teppichartig" im Flur oder in Durchgängen ausgelegt werden. Da die Matten relativ kostspielig sind, können auch Alternativen eine gute Möglichkeit mit dem Aspekt der Weiterverwertbarkeit sein: Fußmatten oder Teichfolie, auf der man Korken, Aststückchen etc. entweder mit Heißkleber oder mittels dicker Nadel durchgezogener Schnüre befestigt, sind auch für Kinder ein tolles Erlebnis (barfuß). Auch hierbei sollten wir darauf achten, die Matten nicht in den Weg zu legen, den wir eventuell nachts unbeleuchtet gehen!

Die Sensibilität der Hautnerven, insbesondere die Gleichseitigkeit der rechten und linken Körperseite, können wir mit zartem Streicheln mit den Fingerspitzen oder einer Feder testen. Hierbei unterscheiden wir, ob unser Hund dies auf beiden Körperseiten gleich angenehm, aushaltbar oder unangenehm empfindet.

Dazu streichen wir sowohl an der Körperseite von vorne nach hinten entlang als auch an den Tasthaaren an der Schnauze und den Ohrspitzen. Dafür greifen wir nicht von oben über den Hund, sondern setzen uns neben ihn und wechseln dann die Seite.

Diagnostische Übungen *Sensomotorik, Vorzugsseite und Sensibilität*

Nr.	Ausführung, Angebot	gleich	leicht unterschiedlich	eine Seite unmöglich
1.	Drehung rechtsherum, linksherum, eventuell Spielzeug in der Hand als Hilfestellung > beide Richtungen gleich?			
		Alle vier Pfoten gleich	**Vorne / hinten unterschiedlich**	**Rechts / links unterschiedlich**
2.	Pfote geben lassen rechts und links vorn, hinten anheben > Gewichtsverlagerung, beide Seiten gleich?			
		leicht	**mittel**	**schwierig**
3.	Pfotensensorik: (Puzzlematten, Pet Physio), Kies, Tannenzapfen			
		angenehm	**aushaltbar**	**unangenehm**
4.	Oberflächensensibilität: Kitzeln (Feder, Finger etc.) > aushaltbar oder abwehrendes Verhalten?			
5.	Tiefensensibilität: Massage > aushaltbar oder abwehrendes Verhalten?			

Eine Massage neben der Wirbelsäule (nicht auf die Wirbel drücken) kann für Hunde sogar schmerzhaft sein. Wenn unser Hund abwehrend darauf reagiert, zum Beispiel mit der Schnauze versucht, unsere Hand wegzuschieben oder bei dem Massageversuch an der Hand leckt, dann beenden wir den Versuch.

Verschiedene Untergründe fördern die Pfotensensorik - nutzen Sie solche Gelegenheiten möglichst oft.

Sensorik: Hörsinn, Sehsinn

Räumliches Hören und Sehen sind wichtige Voraussetzungen, um sich in der Umwelt orientieren zu können. Unsicherheiten können mit Sinneseinschränkungen, die zum Beispiel durch den Alterungsprozess entstehen, verbunden sein. Auch unterschiedliche Bewegungseinschränkungen, wie ein unsicherer, wenig raumgreifender Gang, können mit dem Nachlassen der Sinne zu tun haben. Daher testen wir das Hör- und Sehvermögen unserer Hunde.

Die farblichen und materiellen Untergrundvariationen stellen für einige Hunde ein Hindernis dar, anderen helfen sie, sich visuell im Raum zu orientieren (Siehe „Heinerle“, S. 24). Wir beobachten sehr häufig, dass Hunde sich auf „Inseln“ zurückziehen, sie bevorzugt aufsuchen. Es scheint, als helfe die visuelle Abgrenzung ihnen, sich sicherer zu fühlen. Insbesondere auf sehr gleichmäßigen, womöglich glänzenden Untergründen, treten häufig Unsicherheiten auf. Dies kann auch darauf hindeuten, dass Hunde Angst haben auszurutschen und sich dabei weh zu tun.

Meine Ridgeback-Hündin hatte „Kissing Spines“ (Dornfortsätze berühren sich bei ruckartigen Bewegungen. Dies kann sehr schmerzhaft sein) und hat deswegen glatte Untergründe, auf denen sie ins Rutschen geraten könnte, vermieden. Wir haben dies operativ beheben lassen und ihr mittels „Inseltraining“ erklärt, dass sie sich nicht mehr vor Schmerzen fürchten muss.

Wie immer gehört zur Diagnostik das Ausschließen eines schmerzhaften Kontextes durch Fachpersonen!

Hör- und Sehsinn

Nr.	Ausführung, Angebot	Alles wahrgenommen	Nicht ganz gleichmäßig	Schwierig, konnte sich nicht gut orientieren
1.	Richtungshören (Geräusche aus verschiedenen Richtungen > vier Zimmerecken, Reaktion überall gleich?			
2.	Tonhöhen: Unterschiedliche Tonhöhen und Lautstärken > hört Hund alle?			
3.	Bewegungssehen: kleiner Gegenstand wird gerollt (unter Handgröße) > gleichmäßige Kopfbewegung beim Verfolgen des Gegenstandes?			
		Gleichmäßig von Insel zu Insel	**Zögerliche Bewegungen**	**Verharren auf einer Insel, Erstarrung**
4.	Bewegung von „Insel zu Insel“ (Farb- und Untergrundvariationen)			

Soziomotorik: Soziale Kontaktaufnahme, motorische Empathie

Die Soziomotorik unseres Hundes zeigt uns sehr deutlich, welches Bild unser Hund von der belebten Umwelt und insbesondere von Menschen hat.

Bei dem Test zur „sozialen Kontaktaufnahme" schicken wir unseren Hund nicht mit einem Auftrag zu einem fremden oder bekannten Menschen (Sag mal „Hallo"), sondern bieten ihm in einem Raum eine Decke nahe bei uns an und der oder die Menschen sind mindestens drei Meter von uns und unserem Hund entfernt. Die Leine wird vom Hund abgemacht und er hat die Wahl, ob er zu den Menschen gehen möchte oder nicht. Dies können wir natürlich nur zulassen, wenn klar ist, dass unser Hund den Menschen nicht gefährlich werden wird. Die Art der Kontaktaufnahme wird nicht sanktioniert, es gibt kein „gut" oder „schlecht", „richtig" oder „falsch". Es geht nicht darum, den Hund zu einem höflichen Kontakt aufzufordern, sondern zu beobachten, was er von Menschen hält, ob er überhaupt Kontakt möchte oder vielleicht auch nicht. Dabei halten wir uns zurück, greifen nur ein, wenn unser Hund immer und immer wieder zu den Personen geht und sich nicht von ihnen lösen kann.

Wenn unser Hund dann Kontakt aufgenommen hat, können wir ihn freundlich ansprechen und ihn zu uns zurückholen.

Die soziale Kontaktaufnahme ist die wahrscheinlich am stärksten reglementierte Verhaltensweise von Hunden, da hier der größte soziale Druck aus der Gesellschaft auf die Menschen wirkt. Die Sorge, einen „asozialen" Hund zu haben, wird stark mit der Angst vor dem Versagen in der Hundeerziehung assoziiert und die Sorge, aus der sozialen Norm zu fallen, den aggressiven, ablehnenden, System-sprengenden Hund erzogen, ernährt und verursacht zu haben, bringt Menschen manchmal dazu, selbst fragwürdige Bestrafungsmethoden (von „sachkundigen" Trainern angeleitet) anzuwenden.

Das Verhalten des Hundes nicht zu bewerten, sondern bei der Ursachenforschung zu bleiben, eröffnet die Möglichkeit, das Verhalten des Hundes langfristig zu beeinflussen.

Denselben Test führen wir dann, sollte das mit unserem Hund möglich sein, mit Personen durch, die im Schneidersitz auf dem Boden sitzen und sich freundlich / neutral verhalten. Die Hände liegen offen auf den Oberschenkeln, dürfen aber natürlich auch zum freundlichen Wegschieben des Hundes verwendet werden, sollte dieser zu aufdringlich werden.

Sich fremde Personen auf Augenhöhe in Ruhe anzuschauen, erleben viele Hunde im Rahmen dieses Tests das erste Mal und das Mysterium „der fremde Mensch" kann hier entmystifiziert werden.

Diese Tests führen wir in einem reizarmen, hellen Innenraum durch, damit unser Hund nicht durch externe Reize (z. B. Hundegebell, Passanten) verunsichert wird.

Die weiteren Tests finden draußen, gern im Garten oder einer anderen bekannten und vertrauten, zumindest aber reizarmen Fläche statt, auf der sich keinesfalls fremde Hunde oder andere Menschen befinden.

Eine zweite Person, das kann auch eine dem Hund bekannte Person sein, bewegt sich mit einer „Ressource", zum Beispiel einem Kauartikel, einem begehrten Spielzeug oder einem anderen, interessanten Gegenstand in der Hand über die Fläche. Wir beobachten und dokumentieren, wie unser Hund sich dieser Person nähert, wie er darauf reagiert, dass die Person ihm den Gegenstand oder das Futter nicht „aushändigt".

Selbstverständlich führen wir diesen Test nicht durch, wenn wir bereits wissen, dass unser Hund die Verweigerung der Ressource nicht akzeptieren würde!

Abschließend beobachten wir, lassen uns dabei am besten filmen, wie unser Hund sich mit und ohne Leine uns in der Bewegung anschließt. Wir beschäftigen uns auf der oben beschriebenen Fläche mit den dortigen Gegebenheiten. Wir bleiben mal stehen, um scheinbar zu schnuppern (Blick zum Boden, Schnupper-Geräusch), wir bewegen Gegenstände auf der Fläche und sind darin ganz vertieft, ohne unseren Hund dazu zu rufen oder zu beobachten (deswegen Handy-Film!). Schließt unser Hund sich unserem Tun an (Synchronisation) oder nicht? Guckt er interessiert oder macht er unbeirrt „sein Ding"?

Dasselbe dokumentieren wir, wenn wir mit ihm angeleint gehen, traben und schnell laufen, uns zu- und abwenden.

Diagnostische Übungen *Soziomotorik*

Nr.	Ausführung, Angebot	entspannt	aufgeregt beschwichtigend	aufgeregt stürmisch, übergriffig	immer wieder, musste abbrechen
1.	Freie Kontaktaufnahme Mensch, stehend				
2.	Freie Kontaktaufnahme Mensch, sitzend, Augenhöhe (Neutral-Kontakte)				
		desinteressiert	**höflich**	**fordernd**	**sehr hartnäckig fordernd**
3.	Freie Kontaktaufnahme Mensch, sich bewegend, mit Ressource (Futter, Spielzeug) in der Hand, draußen				
		desinteressiert	**beobachtend**	**synchron**	**begrenzend**
4.	Synchronisation Bewegung Mensch / Hund, draußen				
5.	Synchronisation an der Leine: Gehen, Stehenbleiben, Wegdrehen; Schließt Hund sich an (auf reizarmer Fläche)?				

Teil 3
Praxis

Nachdem wir uns ausführlich mit der Beobachtung von Motorik, Spannungszuständen und möglichen Ursachen beschäftigt haben, stellen wir uns nun die Frage: „Was tun wir damit“?

Zuerst einmal sollten wir sortieren, ob wir bei unseren Beobachtungen zuordnen können, ob die Ursachen für Dysfunktionen, Spannungen oder motorische Auffälligkeiten körperliche, geistige oder psychische Ursachen haben.

Körper, Seele und Geist bilden zwar ein Ganzes, aber die Frage „Was war zuerst?“ ist entscheidend für die Maßnahmen, die wir ergreifen können und die Unterstützungsleistungen, die wir unseren Hunden zukommen lassen sollten.

Zeigen Hunde grundsätzlich eine eingeschränkte Motorik, haben wenig Kraft, Beweglichkeit oder ein unregelmäßiges Gangbild, dann sollten wir auf jeden Fall Fachleute zu Rate ziehen, Tierärzte, Physiotherapeuten oder Osteopathen bemühen, die abklären, ob es behandlungswürdige Erkrankungen oder schmerzhaft degenerative Veränderungen gibt.

Dabei kennen wir Hunde, die, sobald sie beim Tierarzt aussteigen, keine akuten Schmerzen mehr zeigen und sich extrem zusammenreißen, um zu vermeiden, dass sie behandelt und untersucht werden und solche, die selbst bei kleinen Verletzungen stark reagieren. Dahinter stehen oft frühe Erfahrungen, und dass entweder Leid als Schwäche interpretiert wurde und zu Mobbing und noch mehr Leid führte, oder das gezeigtes Leid Fürsorge-Verhalten (der Mutter oder eines Menschen) auslöste und mehr Leid verhinderte. Die meisten Hundehalter kennen ihre Hunde aber so gut, dass sie einschätzen können, ob sich „zusammengerissen“ wird oder ob ein Hund „wehleidig“ ist. In beiden Fällen braucht der Hund Fürsorge und Unterstützung.

Alle im Praxisteil beschriebenen Übungen sollten, vor allem zu Beginn, im eigenen Zuhause stattfinden – an dem Ort, an dem unser Hund sich sicher und möglichst unbelastet fühlt.

Besonders zu Beginn sollten so wenig Ablenkungsreize wie möglich die Konzentration auf die Übungen stören. Am einfachsten und effektivsten ist es, Rituale zu entwickeln, die unserem Hund anzeigen, was er in den nächsten zwanzig Minuten zu erwarten hat.

Mit der Zeit und der Erfahrung, dass die Übungen, egal ob zur Entspannung, Aktivierung oder Flexibilisierung, wohltun, wird der Hund beginnen, sich auf die Rituale zu freuen und vielleicht sogar von sich aus „nachfragen“, ob man vielleicht Zeit für „Wohlbefinden“ hat. Mein Wim hat erfahren, dass das Faszienrollen ihm sehr guttut und so setzt er sich sehr eindeutig auf dem Sofa neben mich, wendet mir seinen Rücken zu und wartet ab, ob ich ihn behandele. Wim möchte „fasziniert“ werden!

Die Therapie von Traumafolgestörungen wie der posttraumatischen Belastungsstörung, dissoziativen Störungen (Flashback, Intrusion, Dissoziation) oder traumabedingten Angststörungen sollte von Fachleuten geplant und begleitet werden, kann aber zuhause durch unterschiedliche Übungen unterstützt werden. Grundsätzlich ist es angebracht, die gesuchten Fachleute, also Menschen, die sich beruflich mit der Therapie von Traumafolgestörungen bei Hunden beschäftigen, ein entsprechendes Wissen und Erfahrungen gesammelt haben, sorgfältig auszusuchen. Nicht jede Ausbildung zum „Hundetrainer“ bereitet auf dieses Thema ausreichend vor und diejenigen, die sich „Verhaltensberater“ oder „Verhaltenstherapeut“ für Hunde nennen, sind definitiv nicht die richtigen Ansprechpartner, da Traumafolgestörungen nicht verhaltenstherapeutisch zu therapieren sind. In einem Gespräch nachzufragen, welche Erfahrungen Trainer oder Berater mit traumatisierten Hunden haben und gegebenenfalls auch wieder zu gehen, kann für unseren Hund mehr Positives bewirken als von jemandem beraten zu werden, der mit einer „Desensibilisierung“ auf Trigger-Reize eine Re-Traumatisierung bewirkt. Machen wir die Erfahrung, dass unser Hund auf gut gemeinte Desensibilisierungsversuche mit verstärkter Angst, Ausrastern, Hysterie oder Aggression reagiert, liegt die Vermutung nahe, dass sein problematisches Verhalten traumabedingt ist. Das bedeutet, dass wir mögliche Re-Traumatisierungen durch wiederholte "Gewöhnungsübungen“ unbedingt bleiben lassen sollten. Die eigene Erfahrungen mit unserem Hund, unsere Beobachtungen und unser Bauchgefühl können uns ein guter Ratgeber sein. Immer wieder höre ich von Hunden, die sich weigern, das Trainingsgelände ihrer Hundeschule zu betreten. Sie fürchten das gutgemeinte „Verhaltenstraining“ und die dort gemachten Erfahrungen.

Themba wird mutiger und traut sich im Spiel auf die Puzzlematten.

1. Erlernte Hilflosigkeit

Ein wesentlicher Faktor bei der Unterstützung unserer Hunde zur Überwindung mangelnder Selbstwahrnehmung oder schwieriger bzw. sogar traumatischer Erfahrungen ist die Aktivierung nach einer Lebensphase, die durch Hilflosigkeit gekennzeichnet war. Viele Hunde erfahren bereits zu Beginn ihres Lebens, dass sie an ihrer Situation wenig bis gar nichts ändern können. Sie können dem Leben auf der Straße nicht entfliehen, sie können im Tierschutz nicht entscheiden, an wen sie vermittelt werden, mit wem sie zusammen in einem Gehege auf Vermittlung warten oder wer sie wie wohin transportiert, sie ausführt oder einsperrt.

Selbst junge Hunde vom Züchter aus einem guten Zuhause erfahren sehr früh, dass das Leben mit ihnen geschieht: Ein lockiger Wasserhund wird vielleicht beim Hundefriseur abgegeben, auf dem Tisch am Halsband in eine aufrechte Haltung gezwungen und bekommt die Haare aus den Ohren gerissen, ohne sich wehren zu können und womöglich ohne den Hundehalter, dem gesagt wurde, dass der Hund in drei Stunden wieder abgeholt werden kann.

Dann kommt der Junghund mit innen enthaarten Ohren, ausgekämmt (so wird verfilztes Fell entfernt) und vielleicht mit abgeschorenen Tasthaaren zurück zu „Herrchen" und „Frauchen", wo er doch eigentlich eine Mama oder einen Papa gebraucht hätte, die ihm diese Tortur erspart hätten. „Das muss doch so sein" findet unser junger Hund sicher nicht und fühlt sich ausgeliefert und hilflos und lernt, dass hund kein Mitspracherecht hat. Die Hilflosigkeit setzt sich fest und fort und frisst ein kleines Loch in die Hundeseele.

Zu erkennen, dass man keine Selbstwirksamkeit erlangt, wird aber nicht nur von ausweglosen oder schmerzhaften Situationen verursacht, sondern auch dadurch, dass einem nichts zugetraut wird, alles abgenommen wird und ich als Hund ausschließlich „süß", „hübsch" und „niedlich" bin, aber kein potenzieller Vogeljäger, Rasen-Umgräber, schelmischer Grillgut-Dieb oder gar Katzen-in-die-Flucht-Schläger. Wenn mir nicht zugetraut wird, Probleme zu lösen, Erfahrungen zu sammeln und mir alles abgenommen wird, dann werde ich hilflos, abhängig und traue mir selber nichts zu. Ich vermeide, werde unsicher, kann nicht allein bleiben, habe Trennungsangst und ungesunden Stress.

Die Aktivierung von Neugier, den Mut etwas auszuprobieren, die Freude am eigenen Tun und die Kraft, auch mit Misserfolgen umzugehen zu lernen, ist für Hunde ebenso wertvoll wie für Kinder. Daher ist ein wesentlicher Teil unserer Unterstützungsmaßnahmen Geduld: Die Geduld aufzubringen, unsere Hunde neugierig zu machen, sie Lösungen (zum Beispiel zwischen den quer gestellten Stühlen hindurch, über weiche Untergründe hinüber et cetera) finden zu lassen und sie nicht unter Druck zu setzen. Geduld Kreativität zu entwickeln („Wie erkläre ich meinem Hund, dass Cavaletti zu übersteigen gesund und förderlich wäre?").

Erlernte Hilflosigkeit, keine Handlungsoption zu haben, macht seelisch krank und diese zu überwinden lässt Hunde (und Menschen) gesunden.

2. Auswertung motorischer Verhaltensweisen

Die Checkliste der motorischen Verhaltensweisen (s. S. 119) ermöglicht es uns, unseren Hund grundlegend in seinem für ihn „normalen Zustand“ einzuschätzen.

Ausgehend von einer gelösten Situation in einer Umgebung, in der unser Hund sich wohlfühlt, beobachten und dokumentieren wir die Art und Weise, in der er sich bewegt. Hieraus ergeben sich nach Friedhelm Schilling acht unterschiedliche Typisierungen, die uns helfen können, den motorischen Förderbedarf für unseren Hund zu ermitteln. Die angeführten Checklisten stellen eine Annäherung dar, die uns helfen kann, unsere Hunde besser zu verstehen. Selbstverständlich kann es aber auch leichte Überschneidungen geben. Dann konzentrieren wir uns aber auf den Typ, der am deutlichsten in der Bewegung sichtbar ist.

Die Zugehörigkeit zu einem „Typ“ ist nicht gut oder schlecht, sondern erst einmal ein Status Quo, der sowohl rassespezifisch und individuell veranlagt als auch erfahrungsspezifisch entstanden ist. Sicher werden wir aus einem schwerfälligen keinen anmutigen Hund zaubern können, aber wir können den schwerfälligen Hund durch Unterstützung zu bewussterer und freudigerer Bewegung anregen. Dadurch können wir ihm auch eine neue Welt mit mehr positiven Kontakten ermöglichen, da auf seine vielleicht bisher etwas plumpe Annäherung häufig ablehnend reagiert wurde und er durch motorische Entwicklung in der Lage sein wird, sich „feiner“ zu verhalten.

Typ 1 – Freudige Spontanmotorik: Allzeit bereit

„Jaaaaa, wir gehen raus, wir gehen raus, wir gehen rahaus!!!“ Die meisten von uns kennen sie, die Hunde, die allzeit bereit sind und morgens energisch zur Tür sprinten, um rauszugehen. Hunde, die aus dem Tiefschlaf sofort senkrecht stehen, wenn es etwas zu tun, zu entdecken, zu erleben gibt. Sie scheinen vor Energie schier zu bersten und sind für alle Späße zu haben. Dabei sind sie auch tiefgründig und emotional.

Für sehr aktive Menschen sind diese Hunde grandiose Begleiter, sie „funktionieren“ im Hundesport und in vielen Hundejobs als Hüte- und Jagdhund, Drogenspürhund, Polizeihund et cetera. Genau dies kann für sie aber auch zum Problem werden, denn sie können sich häufig schlecht abgrenzen, tun mehr, als für sie gut wäre. Sie brauchen viel Struktur, Sicherheit und klare Grenzen, da sie sonst nicht zu der für sie so wichtigen Ruhe kommen, die sie für ihr sensibles und reizoffenes Nervenkostüm brauchen. Abzuwarten ist nicht ihre größte Stärke und die eigenen Grenzen wahrzunehmen ebenfalls nicht. Zu langes Warten kommentieren sie schon mal mit genervtem und aufforderndem Bellen.

Wenn sie etwas oder jemanden nicht mögen, wird dies zum Beispiel durch Scheinattacken oder Bellen ebenso kundgetan, wie sie hingebungsvoll mitarbeiten, wenn sie etwas für sie Interessantes und Wichtiges tun dürfen.

Neo ist unzufrieden und äußert dies lautstark. So trägt er seine innere Spannung nach außen.

In der Checkliste (S. 119) finden wir Hunde dieses Bewegungstyps repräsentiert durch folgende Beschreibungen: Gewandt, reaktionsschnell, bewegungsfreudig, anstrengungsfreudig, lebhaft, behände, vorschnell, aktiv, umtriebig, sicher, leicht, zügig und bewegungsbegabt.

Kurzbeschreibung nach Friedhelm Schilling:

- Lebhaft, überschäumend
- Starke Beteiligung
- Emotionalität
- Motiviertheit, Aktivität
- Reaktionsvermögen
- Überdurchschnittliche motorische Koordination

In der Förderung achten wir darauf, die Geduld dieser emotionalen Teamplayer nicht zu überstrapazieren, sondern alle Übungen in kleinen Dosierungen aufzubauen.

Grundsätzlich brauchen Hunde dieses Bewegungstypus keine spezielle motorische Förderung. Für sie ist es jedoch wichtig, in der körperlichen Selbstwahrnehmung zu bleiben, um ihre Emotionen regulieren zu können.

Geraten sie außer sich, weil sie sich gestört oder unverstanden fühlen oder zum Beispiel im Mitgefühl für traurige Menschen gefangen sind, dann helfen ihnen alle Bewegungsübungen, die sie zurück in ihre Wahrnehmung bringen:

Im sensorischen Bereich ist besonders der taktile Sinn geeignet, den freudigen Spontanmotoriker zu erden. Regelmäßige Massagen, Faszienrollen und die Aktivierung der Pfotensensorik helfen ebenso wie der „Spannungsabbau ohne Auftrag", also freies Rennen, Buddeln, Kauen, Rupfen, Zerreißen et cetera.

Wir können recht schnell herausfinden, was unseren Hunden guttut und dies in unseren Alltag einbauen.

Typ 2 – Beherrschte Motorik: Erst denken, dann handeln

„Gehst du wirklich zur Tür? Dann bin ich voll dabei!" Hunde dieses Bewegungstyps sind nicht bequem oder unmotiviert, aber sie investieren ihre Energie, Begeisterung und Hingabe nur, wenn es ihnen sinnvoll erscheint. Sie denken, bevor sie handeln. Sie diskutieren, bevor sie sich einlassen. Sie grübeln, bevor sie sich entscheiden. Sie sind sozusagen die Philosophen unter den Hunden. Nur, wenn sie einen Sinn im Handeln finden, werden sie aktiv. Sie übernehmen sich selten und leben in selbstgesteckten Grenzen. Sie sind zuverlässig und können sich gut konzentrieren, wenn sie denn wollen. Ihnen fehlt jedoch ein wenig die Leichtigkeit, die einige andere Typen auszeichnet.

Sie sind durch ihre Konzentrations- und Lernfähigkeit imstande, außerordentliche motorische Übungen zu bewältigen, die sie immer wieder abrufen können, wenn sie sie einmal gelernt haben. Diese Hunde sind zuverlässige Arbeiter, die immer auch ihren eigenen Kopf haben.

Typische Rassevertreter dieses Typs sind zum Beispiel Rhodesian Ridgebacks. Aber auch unser kleiner Working Kelpierüde Wim gehört dazu. Er kann „High Five" Pfote beim „Männchen machen" geben, Balancieren, dass einem schwindelig wird und erfindet immer wieder neue Übungen, baut diese aber in für ihn sinnhafte Zusammenhänge wie „Frühstück verdienen" ein. Einfach so, aus Spaß an der Freude wird Wim nicht aktiv. Sein liebster Job ist und bleibt das Schafehüten, das er sehr selbständig und mit seinem ihm eigenen Dickkopf ausführt.

Wim balanciert und fordert so seinen Gleichtgewichtssinn, die Propriozeption und Kraft.

In der Checkliste (S. 119) finden wir Hunde dieses Bewegungstyps repräsentiert durch folgende Beschreibungen: gewandt, gleichmäßig, konzentriert, gesammelt, bedächtig, besonnen, beherrscht, stetig, sicher, ruhig, kontrolliert, bewegungsbegabt.

Kurzbeschreibung nach Friedhelm Schilling:

- Besonnenheit
- Bedächtigkeit
- Beständigkeit
- Konzentration
- Hohes Maß an Verstandeskontrolle

In der Förderung achten wir darauf, diesen Hunden viele Möglichkeiten zur spielerischen Exploration anzubieten, damit sie so oft wie möglich Leichtigkeit und Spaß empfinden und nicht in ihren Grenzen gefangen bleiben.

So albern es einem erscheinen mag: Für diese Hunde sind Spielzeuge, die sie erkunden können, bestens geeignet. Es darf klingeln, rasseln, scheppern, quietschen und grunzen. Unterschiedliche Haptiken, zum Beispiel Gegenstände aus Holz, Wolle, Gummi, Silikon, Stoff und so weiter sind geeignet zum Ausprobieren, darauf herumnagen (bitte nicht ohne Aufsicht, damit keine Teilchen verschluckt werden!) und Spaß haben.

Typ 3 – Anmutige Motorik: Die Balletttänzer unter den Hunden

Hunde dieses Bewegungstyps sind nicht unbedingt stark oder ausdauernd, sondern scheinen zu tanzen, zu schweben, bewegen sich elegant und leichtfüßig. Sie lieben die freie Bewegung, sind wendig, beweglich und äußerst harmonisch in ihren Bewegungen. Könnte man ihre Bewegungen in Zeitlupe betrachten, würden einem sicher die langen Schwebphasen, das Federn ihrer Schritte und der besonders gleichmäßige Einsatz der gesamten Körpermuskulatur auffallen. Einige Windhundetypen, aber auch mental entspannte Pudel und andere Hunderassen gehören häufig zu diesem Bewegungstyp.

In der Checkliste (S. 119) finden wir Hunde dieses Bewegungstyps repräsentiert durch folgende Beschreibungen: gewandt, leichtfüßig, bewegungsfreudig, geschmeidig, anmutig, tänzerisch, fein, federnd, sicher, graziös, bewegungsbegabt

Kurzbeschreibung nach Friedhelm Schilling:

- Leichtigkeit
- Eleganz, Grazie
- Harmonie
- Ausgewogenheit
- Hohes Maß an grobmotorischer Begabung

Wir achten darauf, dass diese grazilen Hunde in Kontakten mit anderen Hunden nicht gemobbt und zum „Hasen“ gemacht werden. Da sie meist sehr schnell und wendig sind, entsteht bei anderen Hunden oft Frustration, die sie an den anmutigen Motorikern auslassen, sobald sie ihrer habhaft werden. Diese schlechten Erfahrungen machen besonders Windhunden oft zu schaffen. Sie entwickeln leicht Unsicherheiten in Hundekontakten und beginnen diese dann zu meiden. Eine motorische Förderung brauchen Hunde dieses Bewegungstyps nur, wenn sie Auffälligkeiten in einzelnen diagnostischen Bereichen (siehe Tabellen „Diagnostische Übungen“) zeigen. Das deutet dann auf psychische oder physische Beeinträchtigungen hin.

Typ 4 – Schwerfällige Motorik: Die ernsthaften, sensiblen Riesen

Hunde dieses Bewegungstyps sind häufig sehr groß und schwer. Molossoide Hunde, die ursprünglich nicht zur Jagd auf schnelles, fliehendes Wild gezüchtet wurden, sondern sehr viel Kraft und Ernsthaftigkeit in ihre Aufgaben einbringen sollten. Niemand würde zum Beispiel von einem ausgewachsenen Bernhardiner eine anmutige Motorik erwarten. In der rauen, schweren Schale steckt jedoch meist ein sehr sensibler Kern, der leider oft übersehen wird.

Selbstverständlich können sie, sollte jemand widerrechtlich ihr Grundstück betreten oder ein Hund frech an ihren Gartenzaun markieren, mit rasendem Tempo zur Grundstücksgrenze schießen, aber es kann gut sein, dass sie die ersten Male bei diesen Attacken im Zaun landen, denn Abbremsen will gelernt sein.

In der Checkliste (S. 119) finden wir Hunde dieses Bewegungstyps repräsentiert durch folgende Beschreibungen: bewegungsgehemmt, schwerfällig, bedächtig, bequem, plump, schleppend, langsam, ruhig.

Kurzbeschreibung nach Friedhelm Schilling:

- Plumpheit, Trägheit
- Bequem, scheinbar wenig anstrengungsbereit
- Bewegungsverlangsamung, Passivität
- Entkoppelung von Emotion
- Grobmotorische Störung

Im starken Körper wohnt eine empfindsame Seele.

Diese Beschreibung bedeutet nicht, dass der entsprechende Hund „gestört" ist, aber wir können oft bei Hunden dieses Typs beobachten, dass sie sich insbesondere in der Jugendzeit oft nicht gut koordinieren können, ihre Bewegungen nicht gut berechnen oder anhalten können. Die Wahrscheinlichkeit, von einem fröhlich tobenden Mastiff umgeworfen zu werden, ist deutlich größer als von einem Pudel, unabhängig vom Gewicht des jeweiligen Hundes. Das Abbremsen, Wenden und Beherrschen der eigenen Bewegung fällt den großen, sensiblen Riesen oft schwer und sie bedürfen einer motorischen Förderung, um sich dosieren zu können, Körperbeherrschung und Selbstwahrnehmung zu erlernen. Dann fällt ihnen auch die Kontaktaufnahme mit ihrer Umwelt leichter und sie können ihre Gefühle besser ausdrücken. Sonst könnte es sein, dass ihre sensible Seele in einem unsensiblen Körper gefangen bleibt.

Typ 5 – Enthemmte Motorik: Geduld ist für Katzen!

Hunde dieses Bewegungstyps schaffen es kaum auf einen Baumstamm hinauf, ohne gleich wieder hinunterzuspringen. Es fällt ihnen schwer, Bewegungen zu unterbrechen. Eine Bahn mit Hindernissen wird zu Ende gelaufen, selbst wenn sie daran keine Freude haben, aber abzubremsen ist fast unmöglich. Sie sind begabt, aber nicht geduldig, konzentriert und kontrolliert genug, um in den vorgegebenen Bahnen zu bleiben. Ihre Emotionen sind ebenso intensiv wie ihre Bewegungen, sie halten mit Freude und Wut nicht hinter den Berg. Man kann sie kaum übersehen oder überhören. Als Mensch braucht man viel Geduld, um diesen Hunden mehr Ruhe und Gelassenheit zu vermitteln. Das Unwort ihres Lebens ist Frustrationstoleranz und ihre Unbeherrschtheit nervt sie selber mindestens genauso wie ihr Umfeld.

In der Checkliste (S. 119) finden wir Hunde dieses Bewegungstyps repräsentiert durch folgende Beschreibungen: reaktionsschnell, bewegungsfreudig, überschießend, ausfahrend, sprunghaft, ablenkbar, unkonzentriert, übereifrig, stereotyp, übereilig.

Kurzbeschreibung nach Friedhelm Schilling:

- Mangel an Bremsung, Hemmung, Kontrolle
- Kompensation durch Bewegung, hohe Körperspannung
- Konzentrationsschwierigkeiten, Ablenkbarkeit
- Emotional überschießend
- Wenig feinmotorische Steuerung

Geduldig über die Cavaletti zu gehen fällt P. sehr schwer.

Diese Hunde brauchen sehr viel Zeit, um in winzig kleinen Schritten Geduld zu lernen und ihre Gefühle besser in den Griff zu bekommen (Affektkontrolle). Dabei ist es nicht zielführend, sie mit längerem „Abwarten" zu quälen, bis sie scheinbar geduldiger geworden sind, sondern ihnen nach sehr kurzen Momenten der Geduld eine Möglichkeit zum Spannungsabbau zu geben. Hundert Meter an lockerer Leine gehen, dann zweihundert Meter Freilauf oder an langer Fünf-Meter-Leine laufen, wieder hundert Meter an lockerer Leine, Freilauf etc. Für diese Hunde ist es besonders wichtig, auch für kleinste Fortschritte ein positives Feedback (kein Leckerchen, das würde die Aufregung verstärken, sondern Zustimmung durch Freiraum > Spannungsabbau oder Ansprache) zu bekommen, da sie motorisch in der Lage sind, alle Bewegungen in rasend schnellem Tempo auszuführen, aber an ihrer Unkonzentriertheit oft scheitern. Das verstärkt die Frustration.

Oft entwickeln diese Hunde Bewegungsstereotypien, das heißt sie machen Bewegungen immer auf die gleiche Art und Weise, legen sich zum Beispiel immer hin, wenn sie warten sollen und können nur mit Mühe von einem „Sitz" überzeugt werden. Ein einmal erlerntes Programm wird immer wieder verwendet und, obwohl sie schnell lernen, können sie in dem Programm wenig ändern oder abwandeln.

Auch hierbei bedarf es sehr kleiner Schritte, um Veränderungen (Flexibilisierung) zu ermöglichen, damit unser Hund neue Handlungsoptionen hat und nicht in Mustern festhängt. Musterhaft zu reagieren und wenig Fähigkeit zur Anpassung zu haben reduziert das Verhaltensrepertoire und begrenzt die Entwicklung von Souveränität und Gelassenheit.

Typ 6 – Gehemmte Motorik: Wer nichts wagt, verliert auch nichts

Hunde dieses Bewegungstyps haben frühzeitig gelernt, dass die Welt gefährlich ist und tasten sich vorsichtig voran. Sie bewegen sich frei und ungehemmt auf ebenen, übersichtlichen und bekannten Flächen, reagieren auf fremde Umgebungen, neue Untergründe, unerwartete Kontaktaufnahmen aber unsicher und gehemmt. Sie trauen sich zum Beispiel nicht in Fahrstühle hinein, deren Metallboden ihnen nicht vertraut ist, sie probieren selten neue Dinge aus, sind kaum risikobereit. Sie haben entweder die Erfahrung gemacht, dass sie sich auf ihren Körper nicht verlassen können, was wir eindeutig bei den Übungen der diagnostischen Tabellen (ab S. 121) erkennen können, oder sie haben in den ersten Lebenswochen emotional zu wenig Rückhalt gehabt.

In der Checkliste (S. 119) finden wir Hunde dieses Bewegungstyps repräsentiert durch folgende Beschreibungen: tolpatschig, bewegungsgehemmt, umständlich, unsicher, linkisch, furchtsam, tapsig.

Kurzbeschreibung nach Friedhelm Schilling:

- Hemmung
- Ängstlichkeit, Unsicherheit
- Ungeschickt, tolpatschig
- Motorisch wenig risikobereit, eingeschränkt
- Motorische Hemmung > Ängstlichkeit > motorische Hemmung

Sehr häufig versuchen Menschen, diese motorisch und seelisch so gehemmten Hunde mit Futter zu ermutigen, machen Aufgaben vor oder so leicht, dass diese Hunde sie auf jeden Fall bewältigen können, doch diese Maßnahmen führen kaum zu Veränderungen. Unseren Hunden mit gehemmter Motorik helfen wir durch Übungen zuhause, wo unser Hund sich sicher fühlt, die die Koordination von vorderen und hinteren Extremitäten fördert. Je besser ein motorisch gehemmter Hund sich spürt und seinen Körper „ansteuern“ kann, desto mutiger und gelöster wird er.

Moije bewegt sich zu Beginn sehr gehemmt über die Cavaletti.

Typ 7 – Überschießende Motorik: Dynamit im Körper

Cavaletti sind zum Umreißen da, Abwarten hat der Teufel erfunden und jede Aktivität wird zum Showdown. Hunde mit überschießender Motorik rennen los, sobald wir die Hand bewegen, um etwas zu werfen. Sie rempeln und schubsen, springen ihre Menschen an, sobald sie frustriert sind und können ihre Gefühle nicht unter Kontrolle bringen. Sie schießen in die Leine, scheinen den Ruck nicht zu spüren, kreiseln und verheddern sich und verbreiten Chaos. Ihre Menschen reagieren nicht selten mit Verzweiflung und jede Hundeschule freut sich, wenn Kunden mit diesen Hunden anderswo landen. Dabei ist ein Hund mit überschießender Motorik meist sehr gestresst, kann die Welt kaum aushalten, kann Reize nicht sortieren und sich selbst nicht dosieren. Alles ist zu viel. Die Welt für den Hund und der Hund für sich selbst und die Welt.

Manchmal fallen diese Hunde in einer begrenzten Umwelt, zum Beispiel im heimischen Wohnzimmer, wo sie eventuell motorische Übungen machen sollen, in eine völlig konträre Hemmung und Vermeidung, während sie draußen rennen und rennen und rennen. Die räumliche Begrenzung im Innenraum empfinden sie dann als bedrohlich, weil sie spüren, dass sie sich begrenzen müssten, dies aber nicht können. Eine Ursache für diese motorischen Verhaltensweisen können zum Beispiel Geburtstraumata sein.

In der Checkliste (S. 119) finden wir Hunde dieses Bewegungstyps repräsentiert durch folgende Beschreibungen: abrupt, vorschnell, unbeherrscht, unkontrolliert, überschießend, übereilig, zappelig, planlos, unruhig, heftig, hastig.

Kurzbeschreibung nach Friedhelm Schilling:

- Heftigkeit, Hyperdynamik
- Mangelnde Emotionsmodulation
- Überhöhte Innervationsgröße der Impulse > über das Ziel hinausschießend
- Nicht abwarten können, übereilig, vorschnell

Die Heftigkeit in der Motorik ergibt sich bei Hunden dieses motorischen Verhaltenstyps meist aus dem „Nichtspüren“ des eigenen Körpers und einer Hypersensibilität und Reizoffenheit. Um sie zu unterstützen, ist es wichtig, dass sie in ihren Körper zurückfinden, beginnen, ihre eigenen Grenzen und die Grenzen anderer Individuen wahrzunehmen. Dafür eignet sich zum einen eine besondere Form der Leinenführung am Geschirr mit einer Leine mit zwei Karabinern, wobei einer am Rücken und einer vor der Brust befestigt wird. Die eingesetzte Kraft verteilt sich auf zwei Punkte beim Hund und gibt ihm so mehr Halt und zugleich wird der Vorschub des Hundes dadurch gemäßigt. Diese Art der Leinenführung ist nicht schmerzhaft, aktiviert aber die Selbstwahrnehmung.

Eine weitere Möglichkeit, unseren Hund mit überschießender Motorik sich selbst spüren zu lassen, sind Körperbänder nach Linda Tellington Jones und hierbei insbesondere eine Wickelung, die die hinteren Extremitäten mit einbezieht. Ausführlichere Erläuterungen dazu später.

Typ 8 – Eckige Motorik

In der Checkliste (S. 119) finden wir Hunde dieses Bewegungstyps repräsentiert durch folgende Beschreibungen: unausgewogen, unharmonisch, staksig, arhythmisch, kantig, ruckartig, abgehackt, eckig, zerfahren, holprig.

Dieser Bewegungstyp ist bei Hunden sehr selten und diese Art der Bewegung ist meist die Folge von Unfällen, Krankheit oder Nervenschädigungen.

Zeigt bereits ein Welpe diese Bewegungsformen, so muss man von einer Beeinträchtigung mindestens der motorischen Zentren im Gehirn ausgehen, die zum Beispiel durch einen eklatanten Sauerstoffmangel bei der Geburt entstanden ist. Hierbei würde „normalerweise" auch der Sehnerv, der extrem empfindlich auf Sauerstoff-Unterversorgung reagiert, betroffen sein. Der Welpe hätte in der Natur keine Überlebenschance.

Sollten wir bemerken, dass sich die Bewegungen unseres Hundes hin zu einer eckigen Motorik verändern, sollten wir unbedingt medizinische Diagnostik von Fachleuten in Anspruch nehmen!

Häufiger kann man bei Hunden eine sogenannte Gangarten-Stereotypie beobachten. Dies beschreibt den Zustand, dass unser Hund nicht flüssig von einer Gangart in eine andere wechseln kann, sondern fast ausschließlich in einer Gangart unterwegs ist. Auch bei einer Tempoveränderung bleiben die Bewegungen die gleichen, nur der Takt wird schneller oder langsamer. Es gibt Hunde, die sogar im Stehen galoppieren und solche, die mit den Hinterbeinen Trab- und mit den vorderen Extremitäten Galoppschritte machen. Auch ein permanentes Hin- und Hertreten, wie Elefanten im Zoo (das Hin- und Herschwanken der Elefanten nennt man „Weben") kann zu einer Bewegungsstereotypie werden.

Mein kleiner spanischer Straßenhund hat mit zunehmendem Alter immer mehr eckige motorische Bewegungsmuster entwickelt. Er hatte aber über die Jahre nach einem Kreuzbandriss, diversen Arthrosen, Spondylosen und einer Femurkopf-Resektion (auf der Seite des Kreuzbandrisses) so klare Bewegungseinschränkungen, dass gar keine andere Bewegung mehr möglich war. Da er jedoch bis zu seinem letzten Lebenstag mit Freude und überschießender Energie unterwegs war und bereits zu Beginn seines Lebens (er kam mit circa 1 – 3 Jahren zu uns) eine Tendenz zu „eckigen" Bewegungen hatte, haben wir ihn mit Schmerzmitteln unterstützt und ihm so viel Freiraum wie möglich gegeben.

Kurzbeschreibung nach Friedhelm Schilling:

- Ruckartige, abgehackte, kantige Bewegungen
- Staksige, linkische Bewegungsabläufe
- Sehr hohe Muskelspannung
- Gangarten- oder Bewegungsstereotypie

Und was kommt jetzt?

Vielleicht haben wir unseren Hund jetzt in den Bewegungstypen der motorischen Verhaltensweisen wiedergefunden oder zumindest eine annähernde Version oder Mischung aus zwei Typen als repräsentativ für unseren Hund erkannt.

Die ersten drei Typen (freudige Spontanmotorik, beherrschte Motorik und anmutige Motorik) haben nur wenig motokynogogischen Förderbedarf, da die Hunde ihrer persönlichen Veranlagung entsprechend über ausreichend motorische Fertigkeiten verfügen, um in einem normalen Alltag mit ihren Menschen zurechtzukommen, ihre Gefühle auszudrücken, über Bewegung Emotionen zu regulieren und Spannung abzubauen. Dennoch können wir sie in ihrer Entwicklung unterstützen.

3. Motokynogische Förderung: Hilfe zur Selbstwahrnehmung und Selbstbewegung

Das Leben ist Veränderung, Entwicklung und Wachstum. Körperzellen erneuern sich, der Lebenszyklus beinhaltet Wachstum, Blüte, Fortpflanzung und Sterben. Zellen sterben, Zellen teilen sich, erneuern sich. Erst wenn der Organismus tot ist, keine Zellteilung, keine Atmung mehr stattfindet, dann hört Entwicklung, Veränderung und Wachstum auf. Auch das Gehirn der Menschen und Hunde verändert sich stetig, passt sich den Notwendigkeiten und Gegebenheiten des Lebens an.

Neuronale Plastizität beschreibt die Fähigkeit des Gehirns, neue Verknüpfungen zwischen den Nervenzellen zu knüpfen, die Bahnen zu verstärken oder abzubauen. Es bedarf des Trainings, also der Benutzung der einzelnen Nervenzellen und Gehirnzentren, um neue Verknüpfungen aufzubauen oder bereits vorhandene zu erhalten und zu verstärken.

Das Gehirn ist in der sogenannten Neurogenese auch in der Lage, aus Stammzellen neue Nervenzellen zu schaffen. Besonders stark ausgeprägt ist die Neurogenese vor und nach der Geburt in der Säuglingszeit.

Dies gilt nicht nur für Menschen, sondern auch für andere Säugetiere. Das Gehirn lernt am meisten und schnellsten zu Beginn des Lebens, um überlebensfähig zu werden und zu bleiben. Aber auch im hohen Alter entstehen noch neue Nervenzellen. Die adulte Neurogenese wurde zuerst bei erwachsenen Singvögeln beschrieben, die auch nach der Geschlechtsreife, also im Erwachsenenalter, neue Gesänge erlernen können.

Adulte Neurogenese braucht Stimuli, damit aus den neuronalen Stammzellen neue Nervenzellen gebildet werden können. Diese Stimuli sind zum einen die geistige Bewegung und zum anderen die körperliche Bewegung. Menschen, die im höheren Alter Klavierspielen lernen, „boosten" ihre Neurogenese durch die Kombination geistiger und körperlicher Bewegung. Dasselbe passiert beim Tanzen oder Yoga und jeder anderen geistigen Aktivität, die mit einem motorischen Lernprozess verbunden ist.

Für das Leben unserer Hunde bedeutet dies, dass auch sie ein Leben lang neue Nervenzellen bilden können, dass ihr Gehirn sich neu vernetzen und spezialisieren kann. Auch für sie gilt, wie für uns: Das Gehirn zu trainieren bedarf geistiger und körperlicher Bewegung. Ungenutzte Bahnen und Zellen verkümmern, trainierte wachsen und gedeihen. Use it or loose it!

Wenn wir in der Praxis für unsere Hunde eine motorische Entwicklung ermöglichen wollen, also einen motorischen Lernprozess im Hundegehirn anregen möchten, dann reicht es nicht, wenn wir motorische Herausforderungen wie ein Leckerchen eine Treppe hinaufzuwerfen und zu hoffen, dass unser Hund die Treppe hinaufeilt, den Futterbrocken nimmt und sich die motorische Aktivität positiv auf sein Gehirn auswirkt.

Vielmehr braucht es die Entwicklung motorischer Programme, um bestimmte Bewegungen zum einen immer wieder abrufen zu können und zum anderen diese Bewegungen zu verfeinern und zu generalisieren, also auf andere Situationen zu transferieren.

Stellen wir uns doch einmal vor, wir lernen noch einmal das Autofahren. Der erste Start, das erste Schalten, Anfahren an der Ampel, Kupplung kommen lassen, Gas geben … Abwürgen. Das Ganze nochmal. Und nochmal. Hinter uns hupt es. Stress. Noch einmal. Irgendwann klappt es. Wir fahren an, wir biegen ab, mit Blinker setzen und allem, was dazu gehört. Wie lange hat es gedauert, bis wir nicht mehr darüber nachdenken mussten? Das ist die Zeit, die unser Gehirn gebraucht hat, um ein komplexes motorisches Programm zum Thema „Autofahren" zu schreiben. Lieblingsdisziplin „Rückwärts einparken"? So manches Gehirn tut sich damit schwer, würde intensives und stressfreies Üben brauchen. Und so ergeht es auch unseren Hunden.

Wenn wir mit acht Wochen unseren Welpen bekommen, kann er sitzen, laufen, liegen. Die Programme sind geschrieben. Aber balancieren? Sich balancierend umdrehen? Sich auf schrägem Untergrund bewegen? Treppen gehen? Hüpfen, springen, sich rechtsherum und linksherum drehen? Wohl kaum. Diese Programme muss das Gehirn erlernen und dies kann es nur mit geistiger und körperlicher Anregung, ohne zu viel Stress, denn Cortisol blockiert die Neurogenese. In jedem Alter. Körper (Bewegung, Wachstum), Geist (Flexibilität, rationaler Verstand, Erfahrungen) und Seele (Stress, Gefühle) gehören eben unabdingbar zusammen!

Im Folgenden stelle ich mögliche Übungen zu den unterschiedlichen Bereichen, die wir bei unseren Hunden fördern könnten, vor.

Gem lernt mit neun Jahren erstmalig Spielzeuge und Puzzlematten kennen.

Auswertung der motorischen Tabellen aus Teil 2 und therapeutische Maßnahmen

Die unterschiedlichen Tabellen zu den diagnostischen Übungen aus Teil 2 lassen Rückschlüsse auf die Selbstwahrnehmung, Psyche, Motorik, Sensorik etc. unseres Hundes zu und stellen gleichzeitig eine Übungsanleitung dar.

Im Folgenden beschreibe ich die potenziellen Ursachen für Bewegungsauffälligkeiten und einen möglichen Übungsaufbau, um therapeutisch für die Hunde, ihre psychomotorischen Einschränkungen und somit ihr Selbstgefühl und ihre Selbstbewegung wirksam werden zu können.

Alle Übungen aus den Tabellen, die unserem Hund nicht leichtgefallen sind, können wir wunderbar in unser motokynogogisches Förderprogramm integrieren, damit unser Hund sich selber besser spürt, seine Emotionen besser ausdrücken kann und so einen entspannteren Umgang mit seiner Umwelt genießen kann.

Neben den Übungen, die sich aus den Ergebnissen der Auswertung der Tabellen aus Teil 2 ergeben, beschreibe ich einige Alternativen und Ergänzungsmöglichkeiten, die ohne viel Aufwand in eine Förderung unserer Hunde eingebaut werden können.

Wie erkläre ich meinem Hund, wie es geht?

Um unseren Hund davon zu überzeugen, mehrfach über zum Beispiel die langweiligen Cavaletti zu laufen oder auch andere Übungen zu machen, empfiehlt es sich nicht, ein Leckerchen in die Hand zu nehmen und den Hund mit dieser Hand über die Hindernisse zu locken. Er würde sich dann ausschließlich auf das Leckerchen konzentrieren und gar nicht wahrnehmen, welche Bewegungen er wie ausführt. Die Selbstwahrnehmung verändert sich dann nicht. Die Muskulatur wird zwar gestärkt, sodass aus physiotherapeutischer Sicht der Einsatz von Futter sicherlich sinnvoll sein kann, aber unser Ziel ist es ja, dass unser Hund auch wahrnimmt, welche Bewegungen er ausführt, ein Körpergefühl entwickelt und so ein besseres Gefühl für sich und seine Mitwelt gewinnt.

Sinnvoller für das Training der Selbstwahrnehmung ist es, kleinstschrittig die Ausdauer aufzubauen.

Wir beginnen damit, unseren Hund angeleint über die Cavaletti zu führen (falls es ohne Leine nicht geht). Dafür gehen wir zu Beginn mit.

Vor Trainingsbeginn haben wir in einem oder mehreren anderen Zimmern einen Beute-Beutel mit Futter, einen Napf mit einer Leckerei oder ein geliebtes Spielzeug versteckt. Nach wenigen Durchgängen über die Cavaletti darf unser Hund im ersten Zimmer etwas suchen und dann fressen.

Dabei ist es empfehlenswert, die Vorbereitungen zu machen, während der Hund dies nicht sieht, sich zum Beispiel im Schlafzimmer aufhält, im Flur die Cavaletti stehen, in der Küche, im Wohnzimmer und im Bad etwas versteckt wird. Nach einem weiteren Übungsdurchgang wird das nächste Versteck gefunden usw. Auch Spielen oder Kuscheln kann für einige Hunde einen schönen Abschluss darstellen.

Die Anzahl der Wiederholungen erhöhen sich von Tag zu Tag, sodass nach einer Weile (bei 2 – 3 Trainingseinheiten pro Woche für jeweils ein paar Minuten) ein langer Durchgang mit anschließender Suche möglich wird.

Der schrittweise Aufbau ist hierbei maßgeblich für den Erfolg, damit unser Hund nicht über die Cavaletti rennt, um möglichst schnell zu suchen.

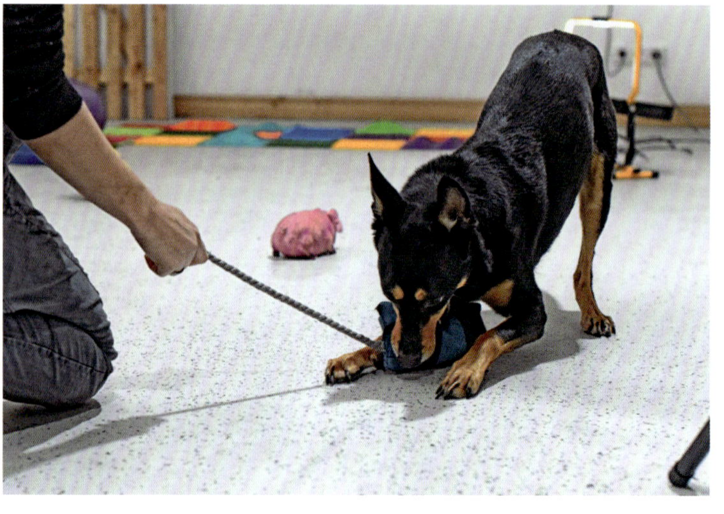

Nach den Puzzlematten gibt es ein Spiel mit dem Beute-Beutel für Ava.

Die hohe Kunst der Förderung

Die hohe Kunst der Förderung ist, zu helfen, wenn es wirklich notwendig ist, zum Beispiel eine Röhre (z.B. ein Stück Regenrohr aus dem Baumarkt) festzuhalten, um daraus einen Gegenstand zu ziehen, und doch darauf zu achten, dass der Hund positive Erfahrungen für sich selbst machen kann. „Helikopter-Hundehalter", die ihren Hund sofort unterstützen, die es nicht ertragen, wenn ihr Liebling kleinste Schwierigkeiten hat, verhindern, dass sich ein Erfolgsgefühl und Selbstachtung, Mut und Offenheit entwickeln können.

Keine Hilfe zu gewähren, lässt den Hund mit einem Gefühl des Alleinseins zurück und er wird weiterhin lernen, seine Probleme selbständig zu lösen oder diese „Aufgabenstellung" zu vermeiden. Auch wenn uns diese selbstständige Problemlösung dann einmal nicht gefällt, weil er vielleicht die ruppige Kontaktaufnahme zu anderen Hunden oder den überschwänglichen Empfang von Besuchern als seine Aufgabe ansieht.

Die Tabellen, die wir in Teil 2 des Buchs der Diagnostik verwendet haben, geben uns Aufschluss darüber, wie leicht oder schwer unseren Hunden die jeweiligen Ausführungen fallen. Hat unser Hund Schwierigkeiten mit der Ausführung einer Aufgabe, können wir vorsichtig genau diese Übungen zu seiner Förderung einsetzen. Dabei gehen wir einfühlsam und in kleinen Dosierungen vor, um unserem Hund eine Entwicklung und die Erfahrung von eigener Kompetenz zu ermöglichen.

Fördernde Übungen

Kraft und Vorne-Hinten-Koordination: kraftvoll und kontrolliert

Nr.	Ausführung, Angebot	Wiederholungen	Zeitaufwand
1.	Auf Brusthöhe (Hund) springen lassen (Plattform, Stuhl, Kiste), abbremsen auf Plattform	2 – 3 Mal pro Woche, 2 Wiederholungen	2 Minuten
2.	Auf Plattform sitzen, stehen, umdrehen, absteigen	2 – 3 Mal pro Woche, 2 Wiederholungen	2 Minuten
3.	4-Pfoten-Stand, rückwärts, vorwärts, seitwärts gehen, drehen	2 – 3 Mal pro Woche	2 Minuten
4.	2-Pfoten-Stand (am Menschen aufrichten), rückwärts, vorwärts, seitwärts gehen, drehen	2 – 3 Mal pro Woche	2 Minuten
5.	Durch Autoreifen (oder Kartons, über Kissen etc.) steigen	Outdoor: Wenn es indoor nicht passt	2 Minuten
6.	Cavaletti (oder Besenstiele etc.), im Schritt, auf den Boden legen	2 – 3 Mal pro Woche, Als Einstieg: 6 Wiederholungen	2 – 6 Minuten
7.	Cavaletti (oder Besenstiele etc.), im Schritt, höhere Einstellung, Handgelenk oder Ferse des Hundes	2 – 3 Mal pro Woche, Als Einstieg: 6 Wiederholungen	2 – 6 Minuten

Auf Plattform springen, stehen, sitzen, umdrehen

Etliche Hunde springen problemlos auf eine Plattform, könnten sogar viel höher springen als ihre Brusthöhe. Sie haben ausreichend Kraft. Ihnen fällt es jedoch schwer, sich abzubremsen. Sie springen immer wieder hinunter, obwohl sie motorisch begabt sind. Auch bei mehrfachen Wiederholungen schaffen sie es kaum, sich abzubremsen (enthemmte oder überschießende Motorik). Ihre Bewegungen zu kontrollieren, ein Maß zu finden fällt ihnen auch in anderen Situationen schwer. Häufig sind diese Hunde ungeduldig und aufbrausend, Kontrolle über sich selbst zu erlangen ist motorisch und emotional schwierig. Übungen, die sehr viel Körperkontrolle erfordern, frustrieren sie, und so bieten wir ihnen kurze, kleine Übungseinheiten an.

Sollten sie mit zu viel Schwung auf die Plattform (zum Beispiel einen Stuhl) springen, bieten wir ihnen mit unseren Armen Halt an und wiederholen ganz ruhig und entspannt die Übung.

Eine Ursache für diese eigentlich motorisch begabten Hunde können frühe Traumata und Hilflosigkeitserfahrungen als kleinste Welpen sein, aber auch eine epigenetische Veranlagung. Dabei verändert sich das Erbgut der Vorfahren durch psychische Erfahrungen, Stress, mangelhafte Ernährung oder andere Einflüsse, sodass genetisch bestimmte Eigenschaften wie zum Beispiel Schreckhaftigkeit oder Hypersensibilität weitergegeben werden, die es ohne die Vorerfahrungen der Elterntiere (oder davor liegende Generationen) nicht gegeben hätte.

Rassen, die sehr reizoffen sind, zum Beispiel für die Arbeit an Schafen (Bewegungsreize > Hütehunde) oder Jagdhunde, die Wild aufspüren und sichten sollen, wie die Vorstehhunde, sind aufgrund der grundsätzlich züchterisch gewollten Sensibilität besonders anfällig für Hypersensibilität und eine überschießende Motorik.

Anderen Hunden fehlt aus unterschiedlichen Gründen die Kraft, um auf ein Podest zu springen, oder Bewegungen abzubremsen. Ursachen hierfür können Erkrankungen der hinteren Extremitäten oder Rückenprobleme, ein übermäßig langer Rücken (z. B. beim Dackel), Hüft-Dysplasie oder schlicht ein mangelhafter Trainingszustand sein. Eine rasseuntypische Bewegungseinschränkung sollte diagnostisch immer von Fachpersonen abgeklärt werden.

Kräftigungsübung für die hinteren Extremitäten: Durch das Hinzufügen des Wackelpads wird der Schwierigkeitsgrad der Übung erhöht.

Rückwärtsgehen: Koordination und Orientierung im Raum

Die Motorik und Selbstwahrnehmung des Hundes kann sehr gut durch Rückwärtsgehen gefördert werden, da dies ein bewusstes Ansteuern der Extremitäten und somit Koordination erfordert.

Dafür ist es am einfachsten, sich aus Stühlen zur Wand eine Gasse zu bauen (für kleine Hunde die Stühle mit einer Decke zuhängen, damit die Hunde nicht unter den Stühlen hindurch „ausbrechen"). An den Anfang dieser Gasse wird der Hund gesetzt, der Mensch steht am anderen Ende und ruft den Hund zu sich.

Bevor der Hund angekommen ist und sich in die gleiche Blickrichtung wie der Mensch gewendet hat, kann man ihn freundlich mit einer Handgeste verbal und mit einer „drauf zu" Bewegung zum Rückwärts gehen animieren. Dabei behält man mindestens eine Armlänge Abstand, damit die Hunde sich nicht zu sehr bedrängt fühlen. Wenn der Hund einen Schritt rückwärts macht, ist das schon ein Erfolg! Auch auf einzelne Schritte kann man aufbauen!

Wenn die Handbewegung mit einem Wort (zum Beispiel „zurück") verknüpft wurde, kann man auch freiere Flächen wählen. Viele Hunde lernen sehr schnell das Rückwärtsgehen, wenn sie sich zum Beispiel am Couchtisch vorbei zum Sofa quetschen, um nach Krümeln zu suchen oder sich Streicheleinheiten abzuholen und der Platz nicht zum Umdrehen reicht.

Erst, wenn der Hund sicher rückwärts geht, können sensorische Hindernisse (Puzzlematten, Stäbe, Pads) eingebaut werden.

Basisübungen Cavaletti

Um den Trainingszustand der Muskulatur zu verbessern, eignen sich insbesondere die Cavaletti-Übungen. Die höhere Einstellung der Stangen fordert die Oberschenkel, Pomuskeln und Oberarm-Muskulatur des Hundes besonders. Auch die Muskeln im Rücken sind hierbei gefordert, da sie in der ausgeführten, hohen Bewegung dafür sorgen, dass der Hund im Gleichgewicht bleibt. Hierbei sollten wir darauf achten, dass wir die Anforderungen langsam steigern und unseren Hund jedes Mal erst einmal aufwärmen, zum Beispiel durch ein paar Durchgänge mit einer flacheren Einstellung oder lockerer Bewegung bei einem Spaziergang.

Nach einer Aufwärmphase können wir das Training mit der höheren Einstellung von einer Minute auf mehrere Minuten (2 – 3 Mal pro Woche) ausdehnen.

Beim Cavalettitraining wird außerdem die Koordination der vorderen und hinteren Extremitäten verbessert. Viele Hunde heben die Hinterpfoten kaum an, tippen an die Stangen oder stoßen die Cavaletti um. Sie haben kein Gefühl dafür, was „hinten" passiert. Sie zeigen in anspruchsvollen Situationen häufig Meideverhalten oder versuchen sich „durchzumogeln", machen schnell-schnell oder tun so, als ob sie solche Herausforderungen langweilen, da sie spüren, dass sie nicht Herr ihres kompletten Körpers sind.

Die Erfahrung, dass sie ihren Körper nicht so steuern können, wie sie wollen, beeinflusst ihr Verhalten. Ein sehr niedrigschwelliges Training mit vielen Erfolgserlebnissen kann die koordinatorischen Fähigkeiten sehr positiv beeinflussen, sodass sich diese Hunde wieder mehr zutrauen und lernen, ausdauernder zu sein und sich nicht so schnell entmutigen zu lassen.

Am einfachsten ist es, das Cavalettitraining mit dem angeleinten Hund aufzubauen und hierbei gemeinsam über die Hürden zu geben. Ein Training mit Leckerchen empfiehlt sich nicht, da unser Hund sich dann ausschließlich mit dem Futter beschäftigt und nicht mit seiner bewussten Bewegung. Als „Entschädigung" für notwendige, lange Cavaletti-Einheiten, die meinem Hund nicht ansatzweise so viel Spaß machen wie Balancieren und Koordinationsübungen, kullere ich nach jeweils acht Bahnen ein Leckerchen über den Boden, das Wim sich dann nehmen kann. Damit verhindere ich zum einen, dass er in einer unnatürlichen Haltung nur auf meine Hände starrt (ich füttere grundsätzlich nicht aus der Hand) und er hat gelernt, dass er sich während der acht Bahnen auf sich konzentrieren kann, da es vorher auf keinen Fall etwas geben wird. Allerdings ist Wim auch der Typ „beherrschte Motorik". Mit Ava (Typ „enthemmte Motorik") wäre ein Cavalettitraining auf diese Art nicht möglich. Sie macht ihre Aufgaben in deutlich kleineren Einheiten, beide Seiten brauchen viel Geduld, und als Auftakt zu ihrem Frühstück, das es dann abschließend und in Ruhe gibt.

Isometrische Übungen: Kraft- und Koordinationstraining ohne Geräte

Als „isometrisches Training" bezeichnet man ein Krafttraining, welches ohne Geräte, nur mit Muskelanspannung ausgeführt wird. Dabei werden Muskeln angespannt, sie verändern jedoch ihre Länge nicht. „Iso" bedeutet „gleich" und „metrisch" ist griechisch und bezeichnet die Länge" (Meter als Längenmaß). Isometrische Übungen fördern bei Hunden die Balance, trainieren die Oberschenkel-, Schulter-, Brust- und Rückenmuskulatur.

Die Muskulatur wird als Widerstand gegen Druck oder Zug durch die menschliche Hand angespannt. Dabei wird der Druck nur so stark aufgebaut, dass der Hund keine aktive Ausweichbewegung (z.B. zur Seite weichen) macht. Das stellt sicher, dass kein Muskel überlastet wird und die Übung an die individuelle Stärke jeder Muskelpartie angepasst wird.

Die Übungen (Druck oder Zug) werden zu Beginn jeweils drei Sekunden gehalten und dann spontan aufgelöst. Dadurch findet eine spontane Muskelentspannung statt.

Isometrische Übungen dienen einerseits der Muskelkräftigung, andererseits können sie auch zur progressiven Muskelentspannung eingesetzt werden. Auf jede Anspannung folgt eine abrupte Entspannung.

Wir können neben dem Einsatz in der Praxis zur Kräftigung und Entspannung von Muskulatur die Übungen aber auch diagnostisch einsetzen, um zu ermessen, wieviel Kraft ein Muskel aufbringt und ob die linksseitigen und rechtsseitigen Muskeln annähernd gleich gut entwickelt bzw. trainiert und angesprochen werden. Sollte dies nicht der Fall sein, beginnen wir im Training mit der schwächeren Seite, wechseln dann zur kraftvolleren Seite, um mit der schwächeren abzuschließen.

Die zweite Hand sichert jeweils den Hundekörper, damit der Hund nicht ins Straucheln gerät. Es lohnt sich, die Beobachtungen zu den isometrischen Übungen zu notieren, um zum einen zu erschließen, wie die Muskulatur im Seitenvergleich beschaffen ist und zum einen, um eventuell später nachvollziehen zu können, ob die Maßnahmen eine positive Entwicklung bewirken.

Ich stelle jetzt fünf Übungsvarianten vor, die insgesamt innerhalb weniger Minuten zum Einsatz kommen können und so insbesondere dann, wenn keine Geräte wie zum Beispiel Cavaletti vorhanden sein sollten (z. B. im Urlaub), zum Einsatz kommen können.

Leo bei den isometrischen Übungen für die hinteren Extremitäten.

Hintere Extremitäten 1:

1) Wir knien uns hinter den Hund. Die rechte Hand wird an den rechten Oberschenkel, die linke Hand an den linken Oberschenkel gelegt.

2) Die rechte flache Hand drückt gegen den Oberschenkel, bis ein Widerstand fühlbar wird, der Hund aber nicht zur Seite weicht.

3) Der Druck wird drei Sekunden gehalten. Anschließend abrupt den Druck zurücknehmen, während beide Hände aber am Oberschenkel bleiben (kein Umfallen des Hundes, kein Erschrecken beim „wieder" berühren).

4) Nach kurzer Pause wiederholen (insgesamt drei Mal, dann Seitenwechsel).

5) Sollte der Druck der flachen Hand zu groß sein, können, insbesondere bei kleinen Hunden oder Hunden mit sehr wenig ausgeprägter Muskulatur, auch ein oder zwei Finger verwendet werden, um den Druck aufzubauen.

Hintere Extremitäten 2:

1) Wir knien seitlich vom Hund. Die eine Hand wird auf den Kreuzbeinbereich gelegt.

2) Die andere Hand wird unter dem Bauch zur anderen Körperseite gehalten (damit der Hund sich nicht hinsetzt), ohne unseren Hund zu stützen. Nicht jeder Hund akzeptiert dies.

3) Die eine flache Hand drückt sanft auf den Kreuzbeinbereich, bis ein Widerstand fühlbar wird, der Hund aber nicht in die Knie geht. Setzt unser Hund sich, dann nehmen wir den Druck zurück und üben geduldig und einfühlsam. Jede Sekunde ist ein Erfolg!

4) Drei Sekunden halten, abrupt Druck zurücknehmen, Hand bleibt aber auf dem Kreuzbeinbereich liegen.

5) Nach kurzer Pause wiederholen (insgesamt drei Mal, dann Seitenwechsel)

6) Setzt unser Hund sich grundsätzlich hin, trotzdem mit den Übungen weiter fortfahren, aber bei einem Fachperson abklären lassen, ob im Cauda-Bereich, in den Hüften oder im Kreuzbein alles so ist, wie es sein sollte.

Nala ist etwas skeptisch, macht aber freiwillig bei den isometrischen Übungen mit.

Hintere Extremitäten 3:

1) Wir knien hinter unserem Hund. Die rechte Hand wird um den rechten Oberschenkel gelegt (oberhalb des Knies), die linke Hand um den linken Oberschenkel. Bei kleinen Hunden reicht eventuell der Zeigefinger.

2) Beide Hände ziehen den jeweiligen Oberschenkel zeitgleich nach hinten, bis ein Widerstand fühlbar wird, der Hund aber nicht rückwärts geht.

3) Drei Sekunden halten, abrupt Druck zurücknehmen, Hände bleiben aber an den Oberschenkeln.

4) Nach kurzer Pause wiederholen (insgesamt drei Mal)

5) Sollte unser Hund hierbei rückwärts gehen, also dem Zug nachgeben, den Zug deutlich verringern.

Vordere Extremitäten 1:

1) Wir knien vor unserem Hund. Die rechte Hand wird an die rechte Schulter, die linke Hand an die linke Schulter gelegt.

2) Die rechte flache Hand drückt gegen die Schulter, bis ein Widerstand fühlbar wird, der Hund aber nicht zur Seite weicht.

3) Drei Sekunden halten, abrupt Druck zurücknehmen, Hand bleibt aber an der Schulter.

4) Nach kurzer Pause wiederholen (insgesamt drei Mal, dann Seitenwechsel)

5) Sollte es für unseren Hund unangenehm sein, wenn wir ihm frontal gegenübersitzen, dann können wir uns auch neben ihm postieren und die Hand über den Widerrist an die abgewandte Körperseite legen. Bei kleinen Hunden kann es für diese angenehmer sein, wenn sie auf einem Tisch stehen dürfen.

Vordere Extremitäten 2:

1) Wir knien vor unserem Hund. Beide Hände werden auf die Brustmuskulatur des Hundes gelegt, wobei die Daumen nach innen zeigen und die Handflächen zur Schulter.

2) Beide Hände schieben zeitgleich nach hinten, bis ein Widerstand fühlbar wird, der Hund aber nicht rückwärts geht.

3) Drei Sekunden halten, abrupt Druck zurücknehmen, Hände bleiben aber an der Brustmuskulatur.

4) Nach kurzer Pause wiederholen (insgesamt drei Mal)

5) Bei kleinen Hunden können wir uns seitlich hinknien und nur eine Hand oder wenige Finger nehmen.

Drei-Pfoten-Stand: Krafttraining ohne Geräte

Eine weitere, ganz unkomplizierte und effektive Möglichkeit, die Kraft der Extremitäten unserer Hunde zu trainieren und gleichzeitig Aufschluss darüber zu erlangen, ob die Muskelkraft im Vergleich von rechter zu linker Körperseite gleich stark ausgeprägt ist, ist der Drei-Pfoten-Stand.

1) Setzen Sie sich in einen Raum mit Ihrem Hund auf den Boden und nehmen von der Seite greifend jede einzelne Pfote ein paar Zentimeter für mindestens drei Sekunden (wenn möglich) vom Boden auf.

2) Achten Sie dabei jeweils auf die Gewichtsverlagerung (gleichmäßig von rechts nach links und links nach rechts).

3) Achten Sie dabei auch darauf, ob die Hunde bei einer Pfote mehr Gewicht in Ihre Hand legen (Sie also stützen müssen) oder nicht.

4) Die Seite, bei der Sie mehr Gewicht spüren, ist die stärkere Seite (die andere kann nicht so viel tragen, stützen).

Bei dieser Übung werden hinten die Oberschenkelmuskeln trainiert und vorne die Schultermuskulatur. Zusätzlich werden die Rückenmuskeln gestärkt, da durch sie gewährleistet wird, dass unser Hund nicht umfällt.

Ich erinnere mich an den Bericht einer Kundin, deren Hündin nach drei Sekunden Drei-Pfoten-Stand Übung der hinteren Extremitäten bereits erschöpft war. Tessa hat HD und es fiel ihr außerordentlich schwer, das Gewicht ihres Körpers mit nur einer der Hinterpfoten zu tragen, und so begann ihre Halterin Ulrike mit winzig kleinen Übungsschritten.

Die Zeitdauer des Anhebens kann sekundenweise gesteigert werden.

Drei-Pfoten-Stand

Fördernde Übungen

Sensomotorik, Propriozeption

Die Sensomotorik und Propriozeption unserer Hunde müssen wir nicht Tag für Tag gesondert trainieren, da sie sich bei alltäglichen Angelegenheiten wie Treppensteigen, über einen Baumstamm steigen, um einen Laternenpfahl gehen oder beim „ungefragt durch die Tür nach draußen drängeln" ganz selbstverständlich fordern und fördern.

Um jedoch die Selbstwahrnehmung, die Geschicklichkeit und daraus resultierend die Anpassungsfähigkeit an motorische Herausforderungen weiterzuentwickeln, können wir mit etwas Fantasie auch für die Hunde interessante Übungen erdenken, die wir immer mal wieder in unseren Alltag mit ihnen einbauen. Hierbei können Kauartikel verpackt, Beute-Beutel versteckt oder an einer Schnur gezogen werden und vieles mehr. Wichtig bei dieser Art der Übungen ist, dass die Futterressource oder das eingesetzte Spielzeug in einem Raum angeboten werden, wo unser Hund sich nicht vor Konkurrenz fürchten muss.

Derartige Übungen mache ich, wie alle anderen Übungen zur Kräftigung, Förderung der Selbstwahrnehmung oder Exploration auch, mit jedem meiner Hunde allein, damit die Konzentration auf der Handlung liegt und nicht auf der Umwelt, dem anderen Hund, Mensch et cetera.

Nr.	Ausführung, Angebot	Wiederholungen	Zeitaufwand
1.	Paket auspacken (in Zeitungspapier, mit Kreppklebeband verklebt), kleiner als Brusthöhe	Gut als Spannungsabbau nach Stress oder motorischen Übungen, 1 Mal	2–5 Minuten
2.	Paket auspacken (in Zeitungspapier, mit Kreppklebeband verklebt), höher als Brusthöhe	Alle zwei Wochen, 1 Mal	5–10 Minuten
3.	Greifen eines liegenden Gegenstands (z. B. Spielzeug oder Beute-Beutel)	Nur notwendig bei neurologisch auffälligen oder sehr ängstlichen Hunden 2–3 Mal pro Woche, 3 Wiederholungen	3 Minuten
4.	Greifen eines bewegten Gegenstands (z. B. an Schnur gezogener Beute-Beutel oder Spielzeug)	2–3 Mal pro Woche, 3 Wiederholungen	5 Minuten
5.	Pylonen (oder andere Gefäße) umwerfen (und darunter etwas finden, jedoch kein unverpacktes Futter)	Alle zwei Wochen, 1 Mal	3 Minuten
6.	Gegenstand aus beweglicher Röhre ziehen (Beute-Beutel, Spielzeug etc.)	1 Mal im Monat, 1 Mal	2–5 Minuten

Leo und die Pylone

Paket auspacken: Sensomotorik, Propriozeption und Spannungsabbau

Kauartikel, Beute-Beutel oder Spielzeuge aus Papier oder Pappe auszupacken ist nicht nur eine Übung, welche die Sensomotorik und Propriozeption fordert und fördert, sondern auch eine wunderbare Möglichkeit, um innere Spannungen abzubauen. Unsere Hunde bauen in unserem Alltag durch die von ihnen geforderte Zurückhaltung (nicht jagen, nicht einfach über die Straße rennen, nicht toben, anständig an der Leine gehen, nicht anspringen, nichts kaputt machen, vor dem Laden warten, im Auto warten, auf das Fressen warten, sich bürsten und trocknen lassen etc.) häufig innere Spannungen auf, die sie schlecht wieder loswerden können, da sie sich eben oft und viel und lange zurückhalten müssen.

Die motorischen Übungen lassen sich gut mit einem „Paket auspacken" abschließen und wir können so für unseren Hund zwei Fliegen mit einer Klappe schlagen.

Ein Paket auszupacken, das größer als Brusthöhe ist, fordert bei unserem Hund den ganzen Körper, da er sich mit aller Kraft und eventuell auf den Hinterpfoten aufgerichtet, der Zerstörung des Kartons widmen wird. Hunde, deren Rücken zu lang ist (zum Beispiel Dackel) oder die Probleme mit der Wirbelsäule haben, sollten keine Pakete auspacken, da beim Zerreißen insbesondere die Halswirbelsäule sehr stark beansprucht wird. Den Rückengeplagten Hunden kann man etwas in ein großes Handtuch einwickeln, das sie dann hin- und herschieben und auswickeln müssen. Auch diese Übung fordert Geschick und macht Freude. Viele Hunde haben allerdings großen Spaß am Zerreißen, da dies das Verhalten an einem Beutetier imitiert.

Auch mit einem Fetzfilz lässt sich Spannung abbauen.

Wälzen kann ebenfalls Spannung abbauen.

Auge-Maul-Hand-Koordination

Das Greifen von Spielzeugen, die an einer Schnur erst langsam, später schneller bewegt werden, das Umwerfen von Pylonen und das Herausziehen eines Gegenstandes aus einer beweglichen Röhre habe ich bereits auf S. 125 beschrieben. Förderbedarf besteht bei den meisten Hunden nicht. Sollte ein Hund Probleme haben, einen liegenden Gegenstand zu greifen, dann sollte unbedingt ein Neurologe und Augenarzt den Hund untersuchen.

Das Greifen des bewegten Gegenstandes oder das Herausziehen eines Gegenstandes aus einer Röhre erfordert ein kleines bisschen Mut und ich erlebe immer wieder Hunde, die sich dies nicht zutrauen. Dann sollten wir jedoch nicht jeden Tag „üben", sondern ab und zu eine derartige Beschäftigung einstreuen. Sonst entsteht beim Hund zu viel Frustration und ein Gefühl der Überforderung.

Wim fängt den Beute-Beutel.

Fördernde Übungen

Körperschema, Gleichgewichtssinn

Zur Förderung von Körperschema und Gleichgewichtssinn eignen sich auch hier die Aufgaben aus der Diagnostik.

Nr.	Ausführung, Angebot	Wiederholungen	Zeitaufwand
1.	Bewegung durch eng gestellte Stühle hindurch (Stühle, Kisten, Kartons, Eimer, unregelmäßig gestellt)	2–3 Mal pro Woche, 3 Wiederholungen	3 Minuten
2.	Kriechen unter Hindernissen hindurch (Stuhl, Bank, Äste)	2–3 Mal pro Woche, 3 Wiederholungen	2 Minuten
3.	Bewegung über weichen Untergrund (Kissen, Sand, Luftmatratze)	2–3 Mal pro Woche, 3 Wiederholungen	3 Minuten
4.	Stehen, Sitzen, Umdrehen auf dem Trampolin	2–3 Mal pro Woche, 3 Wiederholungen, dazwischen kurze Pause (absteigen)	5 Minuten
5.	Balancieren (Balancepads, Baumstamm, Bank)	2–3 Mal pro Woche, 30 Sekunden, Pause, 3 Wiederholungen	5 Minuten

Ein Bild der individuellen Wirklichkeit: Körperschema verändern

Wie auf S. 91 erklärt, beschreibt das Körperschema das innere Bild, das ein Individuum von sich hat. Sich zwischen Stühlen nicht hindurchzutrauen, da diese zu eng und somit begrenzend oder vielleicht sogar bedrohlich sein könnten, kann ein Hinweis auf ein Geburtstrauma sein. Feststecken im Geburtskanal in lebensbedrohlicher Enge, eine nicht ausreichend aktivierte Wahrnehmung der eigenen Außengrenze zum Beispiel durch eine Kaiserschnittgeburt und andere Traumata, die die Selbstwahrnehmungsfähigkeit des Welpen beeinträchtigen, können zwar nicht gelöscht werden, aber das innere Bild des Hundes kann der Realität entgegenwachsen.

Traut ein Hund sich nicht durch die Stühle, kann ich damit beginnen, sie sehr weit auseinander zu stellen und sukzessive den Abstand zu verringern. Vermeiden Hunde das vermeintliche Hindernis komplett, dann ist es wie so oft sinnvoll, sie in einem Durchgangsraum aufzustellen, damit das Passieren „wie nebenbei" passiert, vom Weg aus dem Schlafzimmer ins Wohnzimmer oder auf dem Weg zur Wohnungstür.

Grundsätzlich ist es für die Hunde hilfreich, ihnen zu zeigen, dass wir uns trauen, durch die Stühle zu gehen. Dabei lasse ich meinen Hund allerdings warten und locke ihn nicht hinter mir her. Denn dann würde er sich nicht seinen Weg suchen, sondern in meinem (breiteren) Schatten folgen.

Die Stühle, Pappkartons oder ähnliches werden kreuz und quer gestellt, wir bauen keinen gleichmäßigen Durchgang. Die Abstände sind unterschiedlich groß. Bei ängstlichen

Hunden, die sich auch durch große Lücken nicht hindurchtrauen, stehen sie zu Beginn allerdings gleichmäßig verteilt in großem Abstand, sodass ein Hindurchgehen für unseren Hund möglich wird. Die Distanz zwischen den Stühlen wird immer erst dann in sehr kleinen Schritten verringert, wenn bei dem Hund keine Hemmung beim Passieren mehr zu erkennen ist.

Der Abstand zwischen den Stühlen wird in kleinen Schritten verringert.

Die schon beschriebene Hetty, die nicht einmal kniehoch ist, hat sich der Stuhlaufgabe zu Beginn ausschließlich von oben genähert: Sie sprang über den Stuhl in die Lücke, um nicht zwischen den Stuhlbeinen hindurchzumüssen, die in einem Abstand doppelter Körperbreite standen. Als würde sie zwischen den Stuhlbeinen zerdrückt werden. Hetty hatte für sich eine Lösung gefunden. Inzwischen kann sie ihre eigenen Ausmaße und die unbelebte Umwelt besser einschätzen.

Zu den Körperschema-Übungen gehört auch das Kriechen unter Hindernissen hindurch, was zum einen eine starke Muskelanspannung, also Kräftigung der Muskulatur, insbesondere der Arme, Beine und Rückenmuskulatur bewirkt und zum anderen eine Einschätzung der eigenen Körperhöhe erforderlich macht.

Für Hunde, die sich gar nicht unter etwas hindurchbewegen mögen oder sich nicht trauen, unter einem Stuhl etwas hervorzuholen, befürchten vielleicht, nicht hindurchzupassen oder dass etwas auf sie herabstürzt. Hier empfiehlt es sich, zu Beginn abgeschnittenes Absperrband (auf der Rolle im Baumarkt) an einem Besenstil zu befestigen und als Türvorhang an einem Durchgang zu befestigen.

Dabei schneiden wir die Bänder so ab, dass sie beim Hindurchgehen gerade eben den Rücken unseres Hundes berühren. Hierdurch wird eine Berührungsempfindung ausgelöst, die die visuelle Wahrnehmung der Höhe mit der tatsächlichen eigenen Körperhöhe verbindet.

Stellt die Berührung durch den Bänder-Vorhang kein Problem mehr da kann eine „massivere" Variante wie ein Tuch gewählt werden, welches man zwischen zwei aufgestellte Stühle hängt.

Da das Körperschema ein inneres Bild des äußeren Selbst ist und auch Hunde nicht unbedingt eine realistische Vorstellung von sich haben, kann es sein, dass wir der Wahrheit ein bisschen auf die Sprünge helfen müssen. Wenn eine Dogge sich für einen Chihuahua hält, ist das zwar sehr rührend, kann aber sehr schmerzhaft werden, wenn der große Kerl sich mal so eben an einem vorbeiquetschen möchte. Hunde, die sich ständig stoßen oder Hunde, die sich nicht durch meterbreite Durchgänge trauen, brauchen unsere Unterstützung.

Das Körperschema wird zu Beginn des Lebens durch Berührungen durch die Mutter und Geschwister angeregt und im Weiteren durch Erfahrungen mit der Umwelt gespeist. Wenn diese Erfahrungen gefehlt haben oder sich durch einen Mangel an körperlicher Zuwendung zu Beginn des Lebens kein realistisches Selbstbild geformt hat, dann können wir die Erfahrungen nachholen.

Hält unser Hund sich für eine Dogge, ist aber ein Labrador, dann empfiehlt sich folgender Aufbau:

Hindernisse wie Stühle, Kartons, Müllkörbe, Getränkekisten oder ähnliches werden im Flur oder einem anderen Raum, durch den unser Hund regelmäßig hindurchgeht, aufgestellt. Dabei werden die Abstände zwischen den Hindernissen so gewählt, dass unser Hund locker hindurchpasst. Die Abstände werden immer dann verringert, wenn unser Hund entspannt durch den Flur gehen kann, ohne zu zögern. Dabei ist die Verringerung des Abstandes zwischen den Hindernissen so kleinschrittig, dass es uns selbst kaum auffällt.

Erst wenn er nach längerer Zeit (und das kann ein paar Wochen dauern) ein gutes Gefühl für seine Körperbreite entwickelt hat, stellen wir auch mal ein Hindernis auf, das zu schmal für ihn wäre, lassen aber natürlich eine andere Möglichkeit offen, durch die unser Hund hindurch passt. So gewinnt unser Hund ein Bild seiner Körperbreite und kann bemerken: So breit bin ich gar nicht!

Hält unser Hund sich für einen Chihuahua, ist aber deutlich größer, dann wird er ab einem bestimmten Zeitpunkt bemerken: So schmal bin ich gar nicht!

Um ebenfalls ein inneres Bild von der eigenen Körperhöhe zu bekommen, empfiehlt es sich, bei körperlich gesunden Hunden, sie unter einen Tisch oder einen Stuhl kriechen zu lassen. Dies allerdings nur, wenn unser Hund wenigstens ungefähr abschätzen kann, was passend ist, damit er sich bei einem stürmischen Versuch, das Spieli unter dem frisch geleimten Antikstuhl hervorzuholen, nicht verletzt und den Stuhl nicht zu Kaminholz verarbeitet.

Sollte unser Hund so gar keine Idee seiner Ausmaße haben, ist es für den Beginn hilfreich, aus einem Besenstil und einer Rolle rot-weißem Absperrband einen Bändervorhang zu basteln und diesen an einer Tür zu befestigen, damit unser Hund taktiles Feedback bekommt. Dabei schneiden wir die Bänder so zu, dass am Rand lange Bänder bis zum Boden hängen und in der Mitte in einer Breite, die ungefähr dem Hund entspricht, die Bänder so kurz sind, dass sie zwar noch den Rücken des Hundes touchieren, aber nur so eben gerade. Dabei entwickelt der Hund eine Verknüpfung zwischen Sehreiz und taktilem Reiz und lernt abzuschätzen, ob er unter einem Hindernis hindurchpasst oder nicht.

Menschen bilden ihr Körperschema unter anderem auch durch die Zuordnung von Namen zu Körperteilen. Auch wenn Hunde nicht über das abstrakte Denkvermögen und die Assoziationsfähigkeiten wie Menschen verfügen, kann es durchaus förderlich sein, Hunde in ihrer Körperwahrnehmung und -Vorstellung durch Namensgebung der Körperteile zu unterstützen.

Durch wiederholte Bezeichnung bestimmter Körperteile (rechte, linke Pfote, Ohren etc.) können Hunde Körperteile bewusst ansteuern und ihre Vorstellung entwickeln.

Die simple Übung „Pfötchengeben" zum Beispiel beim Abtrocknen der Pfoten nach einem Spaziergang ist für unseren Hund bezüglich seines Körperschemas sehr förderlich.

Im Gleich-Gewicht mit sich

Auf unregelmäßigem oder nachgiebigem Grund das Gleichgewicht zu halten, also nicht ins Schwanken zu geraten, die Körperbewegungen anzupassen und sich entspannt zu bewegen, ist nicht für alle Hunde einfach.

Beginnen Züchter zum Beispiel zu früh damit, die Welpen auf wackeligen Untergründen spielen zu lassen oder werden junge Hunde in großen Boxen im Auto transportiert, in denen sie keinen oder nur wenig Halt finden, dann können sie in Bezug auf ihr Gleichgewicht eine Unsicherheit entwickeln.

Kleine Welpen erobern sich ihre Umgebung in der Natur schrittweise, angepasst an ihre körperlichen Möglichkeiten. In einer natürlichen Welpenumgebung gäbe es keine Schaukelmöglichkeiten, bevor der Welpe nicht in der Lage ist, auf einen wackeligen Stamm oder ein Brett zu springen. Dadurch überfordert ein Welpe sich nicht in seinen motorischen

Möglichkeiten und die Entwicklung des Gleichgewichtssinns und der Selbstwahrnehmung kann mithalten.

Kleine Kinder müssen erst lernen, auf einem Bein zu stehen, rückwärts zu gehen und so weiter. Zuerst lernen sie, sich aufzurichten, zu krabbeln, zu stehen und zu gehen und diese Entwicklung ist nicht bei allen Kindern gleich. Es gibt Kinder, die früher laufen als andere, genauso wie die sprachliche Entwicklung nicht bei allen Kindern gleich ist. Selbst innerhalb einer Familie, unter Geschwistern, kann es große Unterschiede in der Entwicklung geben. Bei Hunden gibt es zusätzlich noch rassespezifische Unterschiede.

Sowohl zu frühe als auch zu viel oder gar keine motorische Beanspruchung und wohlgemeinte Förderung können den Welpen schaden.

Unser Wim hat durch Förderung seines Gleichgewichtssinns so viel Selbstvertrauen gefunden, dass wir ihn jetzt beim Balancieren in der freien Natur etwas atemlos beobachten und ihn notfalls an der Leine führen, da er sich inzwischen so viel zutraut, dass wir Sorge haben, er könnte verunfallen.

Wim auf wackeligem Untergrund

Die Leine kann Sicherheit geben.

Die Übungen 3–5 aus der Tabelle Körperschema und Gleichgewichtssinn (S. 171) machen wir unseren Hunden am besten vor. Für einige kann es hilfreich sein, in einem Abstand (Überblick!) zuzusehen, wie wir über eine Luftmatratze gehen oder auf dem Trampolin aktiv sind. Dies sollte man aber unbedingt einmal ohne Hund probieren, da es tatsächlich ziemlich anspruchsvoll ist, über eine Luftmatratze zu gehen und es wäre sicher nicht förderlich für unseren Hund, wenn er uns strauchelnd erlebt.

Auch das einfache Stehen auf einem Balancepad erfordert ein wenig Geschick und zu Beginn unbedingt eine Möglichkeit, um sich beim Auf- und Abstieg festzuhalten (zum Beispiel einen Türrahmen).

Einigen Hunden hilft es, diese Übungen mit Ihnen angeleint zu machen, da sie sich dann mehr unterstützt fühlen.

Sensomotorik, Vorzugsseite, Sensibilität

Nr.	Ausführung, Angebot	Wiederholungen	Zeitaufwand
1.	Drehung rechtsherum, linksherum, eventuell Spielzeug in der Hand als Hilfestellung	2 – 3 Mal pro Woche, 3 Wiederholungen	2 Minuten
2.	Pfote geben lassen rechts und links vorn, hinten anheben	2 – 3 Mal pro Woche, 2 Wiederholungen	3 Minuten
3.	Pfotensensorik: (Puzzlematten, Pet Physio), Kies, Tannenzapfen	2 – 3 Mal pro Woche, 6 Wiederholungen	2 Minuten
4.	Oberflächensensibilität: Kitzeln (Feder, Finger etc.)	2 – 3 Mal pro Woche	2 Minuten
5.	Tiefensensibilität: Massage	1 – 2 Mal pro Woche	Solange, wie es Hund und Mensch gefällt

Vorzugsseite: Mit und gegen den Uhrzeigersinn

Die meisten Hunde haben eine „Schokoladenseite“, über die sie sich leichter drehen können. Die Bewegung in die andere Richtung (mit oder gegen den Uhrzeigersinn) fällt ihnen hingegen deutlich schwerer. Das Training der nicht bevorzugten Seite entspricht nicht dem Umprogrammieren von Linkshändern auf die rechte Hand, sondern flexibilisiert unseren Hund körperlich. Wir schaffen durch das Training mehr Handlungs- und Ausdrucksspielraum, lösen den Hund aus seinen festen Bewegungsmustern. Wir beginnen mit der Drehung auf der Seite, die dem Hund schwerer fällt und beenden die Übung auch damit. Sollte es unserem Hund gar nicht möglich sein, sich in eine der Richtungen zu drehen, stellen wir einen Stuhl auf und gehen mit ihm gemeinsam im Kreis um den Stuhl, anstatt ihn sich vor dem Körper auf viel engerem Raum drehen zu lassen. Ziel der Übung ist es, dass unser Hund lernt, sich über beide Seiten im engen Kreis zu drehen und dabei die Pfoten angepasst zu setzen.

Der beliebte Supertrick, der sogar förderlich ist: Pfötchen geben

Das „Pfötchengeben“ ist wohl der beliebteste Trick, den Kinder Hunden beibringen. Ohne es zu wissen, fördern sie damit auf sehr hohem Niveau das Körperbewusstsein ihres Hundes: Jede einzelne Pfote „anzusteuern“, eine bewusste Bewegung damit auszuführen, das Körpergewicht auf die anderen drei Pfoten zu verlagern und anschließend zu wechseln, lässt Hunde ihren Körper bewusst wahrnehmen. Vorausgesetzt, dass sie dabei nicht das Leckerchen im Kopf und Sinn haben, das verhindert, dass sie sich bewusst spüren, da die gerichtete Aufmerksamkeit beim Futter ist.

Auch bei dieser Übung gehen wir also wie gewohnt ohne Leckerchen vor, sondern bieten zum Abschluss unseres Trainingsdurchganges eine Beschäftigung, eine Suche nach einem Beute-Beutel, Kuscheln oder Spielen an (siehe auch S. 211).

Pfotensensorik: Input und Output

Da sehr viel mehr Signale aus der Umwelt aufgenommen und weiterverarbeitet werden müssen, als vom Gehirn an die Körperperipherie gesendet werden, ist die Unterscheidung von wichtigen und weniger wichtigen Reizen aus der Umgebung wichtig, um das Gehirn nicht zu überfluten.

Viele Hunde verlieren sich jedoch so in den Reizen der Außenwelt, dass sie förmlich „außer sich" sind. Sie spüren sich nicht. Sie müssen erst lernen, sich in ihren Bewegungen an unterschiedliche Gegebenheiten des Untergrundes anzupassen und diese Konzentration auf die wesentliche Informationen auch in reizstarken Situationen abzurufen. Das eigene motorische Verhalten zu beeinflussen bedarf bei sehr reizüberfluteten Hunden oder solchen, die sich insgesamt wenig spüren (körperliche Hyposensibilität) oder deren Wahrnehmungsqualität von vorderen und hinteren Extremitäten unterschiedlich ist, einer Stimulation, die ein Training für die Nerven und die Wahrnehmung darstellt.

Die Puzzlematten und unterschiedliche (natürliche) Untergründe stimulieren die Körperwahrnehmung. Die Pfoten unserer Hunde sind nicht so empfindlich wie unsere Füße, da wir im Allgemeinen nicht ständig barfuß laufen, aber dennoch sollten wir mindestens einmal selbst probieren, wie sich unsere Wahrnehmung und unser Körpergefühl verändern, wenn wir über die Puzzlematten gehen.

Puzzlematten sind sehr förderlich für die Pfotensensorik.

Für Hunde, die sich schwer damit tun, über diese unbekannten, bunten, seltsam aussehenden Matten zu gehen, ist es sinnvoll, diese in einem Türdurchgang zu positionieren. Dabei werden so viele Matten ausgelegt, dass es für den Hund nicht möglich ist sie einfach zu überspringen (siehe auch S. 95 ff.).

Optimalerweise wählen wir hierfür den Durchgang zu einem Raum, den unser Hund gern betreten möchte, mit dem er positive Erwartungen verknüpft. So wird es leichter, sich über die Matten zu trauen. Auch hier können wir unseren Hunden wieder ein Vorbild sein und in voller Selbstwahrnehmung barfuß über die Matten stolzieren.

Fördernde Übungen Hörsinn und Sehsinn

Auch wenn der Geruchssinn als wichtigster Sinn unserer Hunde gilt, so ist doch die Orientierung mittels der Augen und Ohren wichtig für ihr Sicherheitsempfinden in der Umwelt.

Wenn ich als Hund nicht mehr höre, ob mein Mensch nach Hause kommt, sich Besucher oder Einbrecher nähern, ich nicht sehen kann, ob die Möbel umgestellt wurden, dann werde ich vermutlich schreckhafter, unsicherer, bin eventuell in mich gekehrter, trauriger oder ungeduldiger mit mir und meiner Umwelt.

Aber zwischen „ich sehe und höre alles oder gar nichts“ liegen noch viele Abstufungen. Wir kennen Hunde, die nicht gut räumlich hören können, die kleine bewegliche Gegenstände nicht gut sehen können, deren Sinnesleistungen langsam nachlassen oder angeboren oder erworben geschädigt sind.

Selbstverständlich bin ich keine Tierärztin. Es gibt aber Fachtierärzte, die sich auf zum Beispiel Augenheilkunde spezialisiert haben. Ich kann nicht beurteilen, inwieweit „Sehschule“ zu der veterinärmedizinischen Fachausbildung gehört, würde mir aber wünschen, wenn auch in diesem Bereich versucht werden würde, Hunde über die medizinische Behandlung (die sie hoffentlich bei Bedarf erhalten werden) hinaus zu fördern.

Aus den Erfahrungen meiner Kindheit, in der ich nach erfolgten Augenoperationen immer wieder auch zur Sehschule musste / durfte, habe ich ein paar Anregungen für Hundehalter zusammengeschrieben, die ich hoffentlich irgendwann erweitern kann.

Ist uns also aufgefallen, dass unser Hund nicht mehr oder noch nie gut hört oder sieht, dann klären wir selbstverständlich ab, ob es dafür medizinische Ursachen geben könnte. Wir können aber, zum Beispiel bei früh erworbenen oder auch angeborenen Sinneseinschränkungen mit einer Seh- und Hörschule versuchen, unseren Hund zu unterstützen.

Liegt die Sehproblematik beispielsweise an einer Muskelschwäche der Augen, die sich durch mangelnde Fokussierung oder leichte Pendelbewegungen des Kopfes zeigen kann, dann können wir durch Augenmuskeltraining gute Fortschritte erzielen.

Die Förderung der Leistungsfähigkeit der Sinnessysteme „Sehen“, „Hören“, Fühlen“, „Schmecken“ und „Riechen“ kann einen großen Einfluss auf die Lebensqualität unserer Tiere haben, wie wir an dem nachfolgenden Beispiel der Katze Lilli erahnen können.

Lilli

Unsere Freunde Bettina und Rainer haben vor einigen Jahren einen schöpferischen Winter im Süden Spaniens verbracht, um an ihrem damals aktuellen Buch zu schreiben. Sie hatten sich für mehrere Monate in einer Ferienanlage eingemietet. Der von den Ferienwohnungen umschlossene Garten beherbergte eine Katze namens Lilli, die sich den beiden zögerlich, aber dann entschieden anschloss. Obwohl Bettina und Rainer von ihrer Hündin Thimba begleitet wurden, näherte sich Lilli und hielt sich schon nach kurzer Zeit sehr gerne in der Wohnung der drei auf.

Lilli war auffallend klein, motorisch recht unbeholfen, menschenscheu, besonders bei Männern, und sie war offensichtlich nicht in der Lage, sich selbst zu ernähren. Am Ende des Arbeitsurlaubes stand fest: Lilli zieht zu Bettina, Rainer und Thimba in den Schwarzwald.

Dort angekommen blieb sie weiterhin menschenscheu, ließ sich nicht auf den Schoß nehmen oder tragen. Der Transport von Spanien nach Deutschland in einer Katzenbox im Flugzeug war mit sehr viel Überzeugungskraft vonstatten gegangen und glücklich überstanden und Lilli bekam ausreichend Zeit, sich in dem für sie neuen Haus einzuleben, bevor sie schließlich auch den Garten erobern konnte.

Lilli hatte auch noch Jahre später seltsam anmutende kurze Pfoten, war sehr klein für eine Katze und etwas ungeschickt. Sie konzentrierte sich nur für kurze Zeit auf einen Bewegungsreiz und war schnell erschöpft, wenn sie Bewegungen in der Umwelt beobachtete.

Mit der Zeit traute sich Lilli hoch hinaus.

Das Erklimmen des großzügigen Kratzbaumes war für sie aber nach einiger Zeit kein Problem mehr. Sie musste dies jedoch regelrecht üben. Insbesondere den gewagten Sprung auf den danebenstehenden Zimmerpflanzenbaum, den sie sich Stück für Stück erobert hat. Von diesem Bäumchen stürzte sie mehrfach ab und sie hat es (zum Glück) nicht gewagt, auf dem die offene Empore begrenzenden Bücherregal in vier Metern Raumhöhe spazieren zu gehen.

Lilli hatte ein katzenuntypisches Gleichgewichtsproblem, was entweder im Innenohr oder, und das halte ich aufgrund von Beobachtungen für wahrscheinlicher, in einer Beeinträchtigung des Sehnervs als Folge einer prä- oder perinatalen Komplikation begründet lag.

Glücklicherweise fand sie bei Rainer und Bettina ein Zuhause, in dem sie sehr viele Möglichkeiten zur Entwicklung hatte, aber keinen Gefahren ausgesetzt war. Dadurch fasste sie Mut und erprobte und erweiterte ihre Fähigkeiten.

Bei meinem letzten Besuch machten wir einen ganz einfachen kleinen Sehtest mit Lilli: Wir haben einen bunten Kugelschreiber erst für circa eine Minute horizontal (circa 10 cm hin und her) bewegt und anschließend senkrecht.

Dabei war zu sehen, dass sie mit den Augen zwar der Bewegung folgte, Katze bleibt Katze, aber dabei ihren Kopf unregelmäßig kreisförmig bewegte und nach einer Weile die Augen verkleinerte und fast schloss oder wegguckte. Das bedeutet, dass sie höchstwahrscheinlich mit der Bewegung des Kopfes eine Muskelschwäche der Augen ausglich.

Katzen sind normalerweise wahre Meister der stundenlangen Beobachtung und erschließen ihre Welt mittels der bildhaften Eindrücke und passen ihre Motorik an das Gesehene an. Das war in Lillis Fall nur eingeschränkt möglich.

Auch wenn wir nicht feststellen konnten, ob der Sehnerv an sich oder die Muskulatur im Auge oder beides geschädigt war, konnten wir mit der Erkenntnis, dass Sehen für sie sehr anstrengend war, etwas für sie tun: Regelmäßige Angebote von „Sehschule“ auf spielerische Art und Weise, Angebote zur Bewegungsschulung (weitere ungefährliche Kletterherausforderungen) und Rücksichtnahme auf ihr „Hochheben-Problem“, indem sie immer mit einer „Unterlage“ (z. B. einem Kissen) gehoben wurde, sodass sie „Grund unter den Pfoten“ hatte. Lilli machte trotz ihrer Einschränkungen weitere Entwicklungsschritte, obwohl sie kein Katzenbaby mehr war.

Wäre Lilli ein Hund gewesen, hätte man ihr gezielteres Sehtraining mit motorischen und sensorischen Übungen auf unterschiedlich farblichen Untergründen („Schachbrett“) anbieten können. Aber es stand zu erwarten, dass sie sich ihr motorisches Angebot selbst zusammenstellen wollte und die Vorschläge der Menschen (z. B. Apportierspiele auf Schachbrett-Untergrund) nicht umfassend angenommen hätte. So sind eben Katzen. So entwickelte sie sich in ihrem eigenen Tempo mittels der angebotenen Möglichkeiten und ist eine viel entspanntere und selbstbewusstere Katze geworden, die sich sogar traute, im Sommer mal nicht zur Nacht ins Haus zu kommen!

Lilli eroberte sich den Garten.

Augenmuskeltraining

Training des räumlichen Sehvermögens

Für welchen Hund eignen sich die Übungen?

- Unserem Hund fällt es schwer, mit den Augen dauerhaft zu fixieren (ein- oder beidseitig).
- Unserem Hund fällt es schwer, sich auf einer gleichfarbigen Fläche zu orientieren, d. h. er kann z. B. einen Gegenstand, der auf einer einfarbigen Fläche liegt, nicht gut mit dem Maul greifen.
- Unser Hund „scheut" vor farblichen Übergängen (andersfarbiger Bodenbelag) oder Materialien (z. B. von Holz auf Laminat) zurück und mag nicht weitergehen.
- Unser Hund erschreckt sich vor großen / hohen Gegenständen (z. B. Schrank).
- Unserem Hund fällt es schwer, einem bewegten Reiz kontinuierlich mit den Blicken zu folgen.
- Unser Hund schafft es nicht, Gegenstände zu fangen.
- Unser Hund schätzt Abstände zwischen Hindernissen falsch ein.
- Unser Hund schielt.

Übungen (optimal alle 2 Tage)

Übung 1: Wir lassen unseren Hund auf einer bequemen und ihm vertrauten Unterlage sitzen oder liegen. Wir nehmen einen Gegenstand in die Hand und bewegen den Gegenstand von links nach rechts und umgekehrt in ca. 50 cm Entfernung vor den Augen unseres Hundes langsam hin und her.

1) Wir beobachten dabei, ob unser Hund mit den Augen und / oder einer Kopfbewegung in beide Richtungen gleichmäßig folgt.

2) 5 Mal in beide Richtungen.

3) Wir variieren die Entfernung zu ca. 30 cm und wechseln hin und her.

4) Wir bewegen den Gegenstand hoch und runter und beobachten, ob unser Hund mit beiden Augen und / oder einer Kopfbewegung gleichmäßig folgt.

5) 5 Mal in beide Richtungen.

Übung 2: Wir lassen unseren Hund auf einer bequemen und ihm vertrauten Unterlage sitzen oder liegen. Wir nehmen zwei Gegenstände in jeweils eine Hand. Dabei ist der eine Gegenstand interessant und wichtig (z. B. ein kleiner Beute-Beutel), der andere nicht so wichtig (z. B. ein Kugelschreiber).

1) Wir bewegen den ersten (wichtigen) Gegenstand langsam vor und zurück. Den zweiten Gegenstand halten wir dabei still in der zweiten Hand.

2) Wir beobachten, ob unser Hund der Bewegung des wichtigen Gegenstandes mit beiden Augen gleichmäßig folgt.

3) 5 Mal in beide Richtungen.

4) Wir bewegen den zweiten (unwichtigen) Gegenstand langsam vor und zurück und halten den ersten Gegenstand still in der ersten Hand.

5) Wir beobachten, ob unser Hund der Bewegung mit beiden Augen gleichmäßig folgt.

6) 5 Mal in beide Richtungen.

7) Wir bewegen beide Gegenstände gegenläufig langsam vor und zurück.

8) 5 Mal in beide Richtungen

9) Wir wiederholen die Übungen von oben nach unten.

Übung 3: Wir breiten eine Decke auf dem Boden oder dem Bett (wenn unser Hund darauf darf) aus und beschweren die Ecken bzw. stecken sie unter der Matratze fest. Wir positionieren unter der Decke ein Spielzeug oder einen kleinen Beute-Beutel an einer Schnur (optimal ein Spielzeug mit einer glatten Oberfläche).

1) Wir bewegen das Spielzeug an der Schnur langsam unter der Decke und lassen unseren Hund die „versteckte Maus“ fangen.

2) Wir bewegen das Spielzeug an der Schnur ruckartig unter der Decke und lassen unseren Hund die „versteckte Maus“ fangen.

Übung 4: Wir legen auf einem einfarbigen Untergrund mehrere (mindestens drei) Decken, Matten, Tücher o. ä. aus, die eine andere Farbe haben (z. B. rutschfeste Hundedecken oder Duschvorleger). Die Abstände zwischen den Matten sind genauso groß wie die Matten).

1) Wir lassen unseren Hund von den Matten Gegenstände apportieren oder dort etwas fressen (räumliches Sehen und Auge-Maul Koordination).

2) 1 – 2 Mal von jeder Matte.

Training des Hörsinns

Dies bietet viele Möglichkeiten, mit Spaß auch gleichzeitig „Bleib“ und das Heranrufen zu üben.

Räumliches Hören

1) Wir setzen unseren Hund in einem Raum der Wohnung ab und lassen ihn dort warten.

2) Wir rufen ihn nacheinander aus unterschiedlichen Zimmern zu uns. Dabei starten wir mit einfacheren Richtungen (nur einmal rechts oder links abbiegen, nachdem wir das Zimmer mit unserem Hund verlassen haben).

3) Erreicht unser Hund uns, gibt es ein Spiel oder er findet etwas Interessantes, das wir in dem entsprechenden Raum versteckt haben.

4) Mit der Zeit Schwierigkeitsgrad steigern, eventuell weitere Personen (Familie, Freunde) in anderen Zimmern „verstecken“.

5) Ein weiterer Aspekt ist es, die Lautstärke des Rufens zu verringern. So wird unser Hund noch mehr Konzentration auf das Hören lenken und die Aufmerksamkeit wird geschult.

Viele Hunde hören selektiv. Das Geraschel der Leckerchentüte wird sehr gut gehört, der Ruf, der das Toben mit dem besten Hundekumpel unterbricht, hingegen nicht. Dies hat selbstverständlich nichts mit der Hörfähigkeit unserer Hunde zu tun, sondern mit der Priorisierung des Gehörten.

Training des Geruchssinns

Selbstverständlich können Hunde sehr gut riechen, besser, als wir es uns je vorstellen könnten. Dennoch wird in unserem gemeinsamen Alltag nur sehr selten der Geruchssinn unserer Hunde wirklich gefördert.

Es gibt viele Möglichkeiten dies zu tun, zum Beispiel durch Fährtenarbeit, Mantrailing, ZOS, Revieren, Verlorenensuche, Rettungshundearbeit und so weiter. Wir haben jedoch auch die Möglichkeit, in einem sehr kleinen, privaten Rahmen zuhause ein paar Aufgaben anzubieten, die unser Hund entspannt und konzentriert lösen kann.

Grundsätzlich kann jeder Hund lernen, spezifische Gerüche zu unterscheiden, ja Hunde tun dies ohnehin, wissen jedoch nicht, welche Gerüche wir von ihnen angezeigt bekommen wollen. Denn offensichtlich interessieren wir uns nicht für den Geruch der neu eingezogenen Nachbarshündin.

Eine einfache Gegenstandssuche oder die Suche nach verschiedenen Ölen oder Teesorten innerhalb der eigenen vier Wände oder im Garten kann, wenn sie sinnhaft für den Hund verknüpft wird, Mensch und Hund sehr viel Spaß machen.

Den Aufbau dieser Art der Förderung und Beschäftigung möchte ich hier jedoch nicht schildern, da dies den Rahmen deutlich sprengen würde. Zudem gibt es hierzu wunderbare Bücher und Workshops, die sich sicherlich für Mensch und Hund lohnen.

Nur so viel: Gegenstände zu suchen, wie beispielsweise einen Stift, ein Feuerzeug oder ähnliches, kann ein Hund innerhalb weniger Minuten lernen. Der Schwierigkeitsgrad ergibt sich aus der Art des Versteckes und dem Grad der Ablenkung.

Der Tastsinn

Für alle „Hundestreichler" ist dies sicherlich die schönste Aufgabe: Den Hund durch Berührung in seiner Selbstwahrnehmung zu fördern.

Berührung markiert die Außengrenzen des eigenen Körpers, schüttet, wenn Streichler und Berührter eine freundliche Beziehung haben, Oxytocin aus und umgekehrt wird durch die Ablehnung von Berührung auch ein Missempfinden, eventuell sogar Schmerz geäußert.

Achtsames Berühren des Hundes beinhaltet die Fragestellung: Wie fühlt mein Hund sich wo an? Hat sich im Vergleich zu den letzten Malen etwas verändert? Was mag mein Hund? Was ist ihm nicht so angenehm?

Der Wechsel von Streicheln mit der ganzen Handfläche zum leichten Berühren mit den Fingerspitzen am Ende der einzelnen Haare intensiviert die Wahrnehmung für den Hund. Einige Hunde sind kitzelig und mögen kein zartes Streicheln, andere genießen es hingegen.

Dies zu erkunden und weiterzuentwickeln und keinesfalls dabei stehenzubleiben, einfach nur grob über den Rücken oder Kopf zu streicheln, kann Freude bereiten.

Viele Hunde mögen nicht über den Kopf gestreichelt werden, aber sehr viele Hunde mögen es, wenn man ihnen sanft mit den Fingern zwischen den Augen den Kopf hinaufstreicht, die Öhrchen krault und den Nacken massiert.

Sich selbst und die Umwelt ganz und gar wahrzunehmen, mit allen Sinnen, zumindest immer wieder für einige Momente, führt dazu, dass man sich verbunden fühlt mit der Welt, in der man lebt.

Fördernde Übungen

Soziomotorik: Soziale Kontaktaufnahme, motorische Empathie

Wir haben im diagnostischen Teil (Teil 2) beobachtet, wie sich unsere Hunde ihrer belebten Umwelt nähern, wie sie Kontakt aufnehmen oder eben nicht. Und wir sind uns bewusst, wie sehr diese Art der Kontaktaufnahme davon abhängig ist, wie der Hund sich selber fühlt. Denn wenn ich mich nicht fühle, mich nicht dosieren kann, dann kann ich dies auch schlecht bei anderen. Also hören wir auf, unsere Hunde zu verurteilen, wenn sie Menschen anspringen, hektisch werden oder sich anderweitig wie der Elefant im Porzellanladen verhalten. Denn entweder hat unser Hund die Erfahrung gemacht, dass wir ständig scheinbar unreguliert Fremde in unser Haus lassen, die uns auch noch den Kühlschrank leeressen, oder unser Hund kann eben (noch) nicht anders.

Um zumindest die Annäherung an Menschen zu erleichtern, empfehle ich gern „Neutralkontakte“. Dies setzt allerdings voraus, dass wir uns sicher sein können, dass unser Hund nicht beißt oder anderweitig aggressives Verhalten gegenüber Menschen zeigt. Ist unser Hund ein ungestümer oder schüchterner Typ, der die richtige Art der Annäherung nicht schafft, dann ist es sinnvoll, Neutralkontakte anzubieten, damit unser Hund die Gelegenheit bekommt, Menschen wirklich kennenzulernen. Dabei ist die größte Herausforderung, Menschen zu finden, die sich dabei neutral, also nicht ignorant, aber auch nicht zugewendet verhalten können. Ignoranz wäre eine Form der Ablehnung (ich sehe dich gar nicht) und Zuwendung (ach, bist du süß) würde wahrscheinlich wieder ein Verhaltensmuster unseres Hundes auslösen. Neutral bedeutet freundlich zu lächeln, die Hände nur zu verwenden, um den Hund sanft von sich wegzuschieben (sollte dies nötig sein) und eine innere gelassene Haltung einzunehmen.

Dies ermöglicht vielen Hunden zum ersten Mal, Menschen wirklich anzusehen, sie zu beschnuppern, ihnen ins Gesicht zu sehen und zu verstehen: „Es ist nur ein Mensch“.

Sollte unser Hund jedoch ein Problem mit Menschen haben und sich abwehrend verhalten, dann sollten wir eine gute Hundeschule aufsuchen, die uns dabei unterstützt, das „Mysterium Mensch“ oder die „Bedrohung Mensch“ für die Zukunft zu verwandeln.

Koordination trainieren für Fortgeschrittene

Wir können zwischen sieben koordinativen Fähigkeiten unterscheiden, die unterschiedliche Fertigkeiten beschreiben.

Die Feinabstimmung einzelner Bewegungsphasen, die Reaktionsfähigkeit, die Orientierung im Raum, die Körperbalance, die Umstellungsfähigkeit, die Fähigkeit, einen Bewegungsrhythmus zu entwickeln und die Fähigkeit, all dies miteinander zu koppeln, zu verknüpfen, ermöglicht es unseren Hunden, komplexe Bewegungsabläufe zu meistern. Wir können die einzelnen Fähigkeiten trainieren, wenn unser Hund keinerlei Schwierigkeiten bei den zuvor aufgeführten Basisübungen hat. Ich habe schon oft beobachten dürfen, dass Hunde sich, wenn sie erst einmal die ersten Basisübungen bewältigt haben, als wahre Meister der weiteren Koordinationsförderung hervortun.

Wim hat einige seiner komplexesten Übungen selber entwickelt und ist unglaublich stolz auf sein Können: War er doch ein ungeschickter, gehemmter junger Hund, der sich außer auf dem ebenen Boden nicht wohl in seinen Bewegungen fühlte. Heute kann er auf einem Luftkissen in Form eines Knochens, der gerade ebenso breit ist wie sein Körper, Männchen machen, also auf seinem Popo, mit beiden Armen in der Luft, sitzen. Er liebt die schwierigen Aufgaben, die ihn glänzen lassen, während er die 0815-Aufgaben gelangweilt und manchmal etwas unwillig abspult.

Hier nun ein paar Beispiele für die Fortgeschrittenen unter den Hunden:

Koordination 1 Differenzierung > Feinabstimmung einzelner Bewegungsphasen

Übungen:

- Cavaletti im Kreuz
- Cavaletti mit unterschiedlichen Abständen und Winkeln
- Slalom gehen
- „Schnecke" aus Stühlen o. ä. stellen und rein und raus gehen

Cavaletti im Kreuz

Cavaletti mit unterschiedlichen Abständen und Winkeln

Koordination 2 Reaktionsfähigkeit

Übungen:

- Fangen (Beute-Beutel, Spielzeug, Leckerchen)
- Spiel mit dem Menschen (körpersprachlich, ohne Berührung)
- Tempowechsel an der Leine

Koordination 3 Orientierungsfähigkeit im Raum

Übungen:

- Rückwärtsgehen
- Steigerung: Rückwärtsgehen über unterschiedliche Untergründe
- Durch Hindernisse (z. B. Stühle) gehen
- Slalom gehen
- „Schnecke“ aus Stühlen o. ä.. stellen und rein und raus gehen
- „Insel“-Training: von Decke zu Decke schicken, evtl an Hindernissen vorbei

Koordination 4 Körperbalance

Übungen:

- Balancieren auf einem Baumstamm
- Drei-Pfoten-Übung (eine Pfote ein paar Zentimeter vom Boden abheben, ein paar Sekunden (ansteigend) halten)
- Auf Balancepads, Trampolin, Wackelbrett, Kissen etc. stellen
- Pfoten geben
- Steigerung: Pfoten geben auf weichem Untergrund

Koordination 5 Umstellungsfähigkeit

Übungen:

- Über unterschiedliche Untergründe im Wechsel (Kissen, Puzzlematten, Teppich, Holzboden, Fliesen, oder: Kies, Holzhäcksel, Sand etc.)
- Vorderpfoten auf einem weichen Untergrund (Balancepad) und Hinterpfoten auf Puzzlematten, dann umgekehrt

Das Pfotegeben auf weichem Grund stellt erhöhte Anforderungen an die Koordination.

Koordination 6 Rhythmusfähigkeit

Übungen:

- Cavaletti im gleichen Abstand, ein Schritt zwischen den Stangen, mehrfache Wiederholungen (Rhythmus entwickeln)
- Cavaletti ohne Zwischenschritt
- Slalom gehen, Stangen gleicher Abstand

Koordination 7 Kopplungsfähigkeit > Bewegungsabläufe zum Ganzen zusammenfügen

Übungen:

- Parcours, mehrere Aufgaben mit unterschiedlichen Aufgabenstellungen aneinandergereiht

4. Stresstoleranz stärken – Vagusnerv aktivieren

Spannungen in den Organen und der Muskulatur geben uns Hinweise auf das Wohlbefinden unserer Hunde: Je mehr Spannung, desto weniger Flexibilität, Lockerheit, Beweglichkeit, Entspanntheit. Jeder Hund würde sich wünschen, besser mit Stress umzugehen, entspannter und flexibler in Belastungssituationen reagieren zu können. Unabhängig davon, welcher Art die Spannungen (körperlich, seelisch, geistig) sind, die er erleben mag. Daher beschäftigen wir uns im folgenden mit der Aktivierung des Vagusnervs zur Stärkung und Aktivierung des parasympathischen Entspannungssystems.

Für einige Hunde wird die Gewöhnung an Behandlungen und Übungen im Allgemeinen erst einmal eine Herausforderung darstellen, aber der Nutzen überwiegt sicher die anfängliche Skepsis.

Sich wiederholende Rituale, eine „Entspannungsdecke“, auf der wir unseren Hund behandeln, ein Teppich oder eine Gymnastikmatte, auf der wir bestimmte Übungen mit ihm machen können und die mit der Zeit bekannten Hilfsmittel, wie zum Beispiel die Cavaletti, werden nach und nach zu Schlüsselreizen, die unserem Hund symbolisieren „jetzt geht es um mich“ und die auf Dauer Freude oder zumindest Aufgeschlossenheit auslösen.

Miteinander schnurren

Viele Menschen genießen das Geräusch einer schnurrenden Katze, zeugt es doch davon, dass diese sich wohlfühlt. Das Schnurren ist tatsächlich mit einer Vibration des Kehlkopfes verbunden, was eine Aktivierung des Vagusnervs bewirkt. Schnurren ist daher sowohl Ausdruck als auch die Verstärkung von Wohlbefinden, da die höhere Vagusaktivität für mehr Entspannung und eine geringere Aktivität des Parasympathikus sorgt.

Hunde können nicht so tonal rollend schnurren wie Katzen, aber sie atmen bei Wohlbefinden laut aus. Wenn man genau hinhört, ist dies gut zu hören.

Wir können durch Imitation dieses Geräusches selbst eine Beruhigung und Entspannung unseres Hundes herbeiführen und gemeinsam mit ihm atmen. Dabei passen wir uns dem Rhythmus des Hundes an und atmen hörbar, langsam aus. Besonders beruhigend kann dies sein, wenn wir gemeinsam mit unserem Hund gemütlich beieinander liegen und unsere Köpfe nah beieinander sind, um die Atemgeräusche gut hören und spüren zu können.

Nicht jeder Hund mag sehr nah bei seinem Menschen liegen, in einer ruhigen Umgebung, zuhause, ohne störende Hintergrundgeräusche ist das tonale Ausatmen aber auch auf etwas größere Distanz hörbar.

Tiefe Atmung: Zwerchfelldehnung

Die bewusste Atmung in den Bauch, mit einer Dehnung des Zwerchfells, aktiviert ebenfalls den Vagusnerv. Darum gehören Atemübungen auch in das Entspannungsrepertoire von Therapeuten für Menschen und ich kann aus meinen Erfahrungen als Coach berichten, dass die meisten Menschen, wenn sie über belastende Situationen und Gefühle sprechen, nur sehr flach atmen oder das Atmen sogar einstellen.

Da der Vagusnerv auch die situative Anpassung der Funktion der Lunge steuert, ist es naheliegend, dass umgekehrt ein Training der Atmung diesen stimuliert.

Da wir Hunden jedoch nicht sagen können, dass sie bewusst tief und in den Bauch hinein atmen sollen, was auch bei Menschen häufig nicht hinreichend funktioniert, ist es notwendig, dass wir sie körperlich zur Bauchatmung stimulieren.

Dies üben wir, ebenso wie das gemeinsame Schnurren, in einer entspannten und bekannten Situation. Unser Hund liegt im günstigsten Fall auf der ihm bereits bekannten „Entspannungsdecke" auf der Seite. Sollte er auf unsere Annäherung mit einem Aufrichten reagieren, beginnen wir in der Haltung, die er uns anbietet.

Liegt der Hund auf der Seite, beginnen wir damit, dass wir unsere Hand auf die Rippen legen und der Größe des Hundes entsprechend leichten Druck auf die Rippen ausüben. Unser Hund muss also gegen einen leichten Widerstand „anatmen".

Diesen Druck halten wir für vier Atemzüge aufrecht. Beim fünften Einatmen lassen wir im ersten Drittel des Einatmens plötzlich los und nehmen die Hand vom Hundekörper. Durch den Wegfall des Widerstandes entsteht aus der Kraft, die der Hund zum Einatmen benötigte, ein starker Atemimpuls, der das Zwerchfell nach unten in den Bauchraum dehnt.

Diesen Vorgang wiederholen wir drei Mal, wenn unser Hund dazu bereit ist.

Sollte unser Hund nicht auf der Seite liegen, sondern aufrecht liegen, sitzen oder stehen, dann nehmen wir beide Hände und legen sie auf Höhe der letzten drei Rippen auf den Rumpf und beginnen auch hier mit einem leichten Druck und dem gleichen Verfahren wie im Liegen auf der Seite.

Selbstverständlich ist sowohl der Druck, den wir ausüben, als auch die Handfläche, die wir dem Hund auflegen, von der Größe des Hundes abhängig. Einem Chihuahua lege ich nur zwei Finger auf die Rippen und der Druck ist minimal. Sollten wir uns unsicher fühlen, wie viel Druck wir ausüben dürfen, ist auch das bloße Auflegen der Hand atemintensivierend und somit förderlich!

Diese Behandlung dauert drei Minuten und wir können unserem Hund dies zwei bis drei Mal in der Woche anbieten, sofern wir festgestellt haben, dass er dazu neigt, schnell zu hecheln, nicht tief zu atmen oder sogar die Luft anzuhalten (siehe Diagnostik Vagusnerv, S. 95 ff.).

Ein Herz für das Herz

Der Vagusnerv sorgt für die Anpassung der Herzleistung an die aktuelle Situation. Nach einer Erhöhung der Herzleistung in einer angespannten Situation beruhigt er den Takt des Herzschlages wieder und sorgt so für eine Entspannung.

Ausdauersport hat eine entspannende und beruhigende Wirkung für den gesamten Organismus, insbesondere aber für das Herz.

Bewegung stärkt den Vagusnerv, erzwungene Bewegung bedeutet jedoch Stress für den Körper. Lassen wir unsere Hunde also angeleint im flotten Tempo am Fahrrad laufen, mag dies dafür sorgen, dass sie anschließend erschöpft in ihr Körbchen sinken und wir ausreichend Zeit für den Einkauf haben, es entspannt sie jedoch nicht. Erschöpfung stellt keine Aktivierung der Entspannungsfähigkeit dar! Entspannend wirkt freiwillige, lockere Bewegung. Wir können uns sicher gut vorstellen, dass sportliches Training mit dem Ziel, besonders gute Leistungen zu erreichen, wenig entspannend, sondern eher aktivierend wirkt. Daraus kann sogar dauerhafter Stress entstehen. Ausdauersport, der über die entspannte Leistungsgrenze hinausgeht, erhöht sogar nachweislich den Cortisolspiegel.

Wir sollten unseren Hunden also ermöglichen, sich in ihrem Tempo zu bewegen. Für die meisten Hunde ist ein langsamer Trab das entspannendste Fortbewegungstempo. Kleine Hunde traben neben uns her, wenn wir im Schritt gehen, große Hunde haben aber oft das Problem, dass wir für einen Trab zu langsam, für Schritt aber zu schnell gehen. Um bewusst eine Aktivierung der Entspannungsfähigkeit durch einen leistungsstarken Vagusnerv zu erreichen, sollten wir uns also regelmäßig dem Tempo der (entspannten) Hunde anpassen. Ist unser Hund nicht in der Lage, sich in der Landschaft fröhlich und entspannt zu bewegen, weil sein Stresslevel in der Öffentlichkeit zu groß ist, dann ist es sinnvoll, sich, falls möglich, regelmäßig (zumindest 1 – 2 Mal pro Woche) eine geschützte Fläche zum Auslauf zu suchen, auf der unseren Hund keine ungewollten Kontakte erwarten und er sich sicher fühlen kann.

Natürlich ist es auch gesund für das Herz-Kreislauf System, an die Belastungsgrenze zu kommen, um diese zu erweitern. Und natürlich spürt ein Hund sich auch gut, wenn er in seinem schnellsten Tempo rennen darf. Nur taugt das Training an der Belastungsgrenze eben nicht zum Stressabbau.

Mit dem Fahrrad im Höchsttempo zu fahren und den Hund ohne Leine mitlaufen zu lassen stellt auch keine freiwillige Bewegung – und somit Stressabbau – dar, da der Hund ja keine Wahl hat. Und dabei ist es egal, ob der Hund angespannt hinterhersprintet, weil er sich um seinen Menschen sorgt oder Angst hat, allein zurückzubleiben.

Freies Rennen macht Spaß und ist gesund.

Massage und Berührung

Durch Berührungen und Massagen an den Stellen, an denen der Vagusnerv nahe der Körperoberfläche entlang verläuft, können wir den Nerv ebenfalls aktivieren und stärken.

Der Vagus innerviert den Kehlkopf und, wie wir bereits beim „Schnurren" gesehen haben, fördert die Kehlkopf Vibration die Aktivierung. Wir können durch sanftes Streichen neben dem Kehlkopf und, sollte der Hund es akzeptieren, sogar leichtes Hin- und Herschieben zur Stärkung und somit zur Entspannung beitragen. Beginnt unser Hund bei Berührung des Kehlkopfes zu husten, sollten wir dies durch einen Tierarzt überprüfen lassen, da eine Reizung, zum Beispiel durch den Gebrauch eines Halsbandes, vorliegen könnte.

Sehr bekannt sind die Berührungen zur Entspannung aus dem TTouch® von Linda Tellington-Jones. Sie beschreibt unter anderem das Ausstreichen der Ohren als beruhigende Maßnahme zur Stressreduktion.

Folgt man den Empfehlungen für die Vagusnervaktivierung, dann wäre es allerdings geeigneter, nicht den Ohrlappen, sondern die Ohrmuschel und den Ohreingang zu massieren, da dort der Ast des Nervs in das Ohr abzweigt. Einige Hunde empfinden das als sehr angenehm und geben wohlige Töne von sich, andere mögen nicht an den Ohren berührt werden. Hier ist es sinnvoll, die Massage ganz langsam aufzubauen und mit einer sanften und zarten Berührung zu beginnen.

Auch die Augen werden durch den Vagusnerv versorgt und so, wie uns Schlafmasken besser schlafen lassen, so kann es einem Hund auch sehr gut tun, wenn wir sehr zarten Druck auf die Augen ausüben. Dafür lege ich in einer dem Hund bekannten, ritualisierten Situation die Hand auf die Augen, sodass die Berührung spürbar wird. Keinesfalls drücke ich auf die Augen!

Das „Augenzuhalten" soll dem Hund nicht die Sicht auf womöglich angstauslösende Reize nehmen und wird deswegen nicht draußen, sondern nur in der bekannten Behandlungssituation zuhause angeboten. Hunde, die aufgrund züchterischer Entgleisungen hervorquellende Augen haben wie einige Möpse, Chihuahuas, Bulldoggen usw. können leider nicht auf diese Weise behandelt werden.

Diese drei Behandlungsschritte am Kopf sind für einige Hunde leicht zu akzeptieren, für andere schwerer. Es ist sinnvoll, sich zuerst vorzutasten und zu erschließen, was davon relativ leicht und was schwerer toleriert wird. Wir beginnen mit der leichteren Behandlung und gewöhnen unseren Hund behutsam an die seltsamen „Kuscheleinheiten", die seit neuestem auf dem Plan stehen.

Diese drei Behandlungen dauern maximal fünf Minuten und es wäre schön, sie drei Mal in der Woche in das Wohlfühl-Programm einzubauen.

Um eine Störung der Funktion des Vagusnervs durch den Atlaswirbel zu beheben, kann es ein erster Schritt sein, die Halsmuskulatur unseres Hundes neben der Wirbelsäule zu massieren. Die Lockerung der festen Muskeln kann es dem Atlaswirbel erlauben, wieder in seine ursprüngliche Position zurückzufinden (s. S. 104). Sollte sich jedoch durch die sanfte Massage keine Veränderung einstellen, dann sollten wir unbedingt eine Fachperson aus den Bereichen Osteopathie oder Dorn-Therapie für Hunde aufsuchen.

Sollte der Atlaswirbel oder auch der zweite Halswirbel (Axis) blockiert sein, kann ein erfahrener Therapeut diese Blockaden richten. Die Massage der umgebenden Muskulatur ist jedoch trotzdem notwendig, da insbesondere der Atlaswirbel sehr schnell wieder in seine Ausgangs-Fehlstellung zurückrutschen kann. Eine regelmäßige Massage der Halsmuskulatur und Faszien im Hals- und Nackenbereich tut unserem Hund gut und unterstützt die Therapie des Profis!

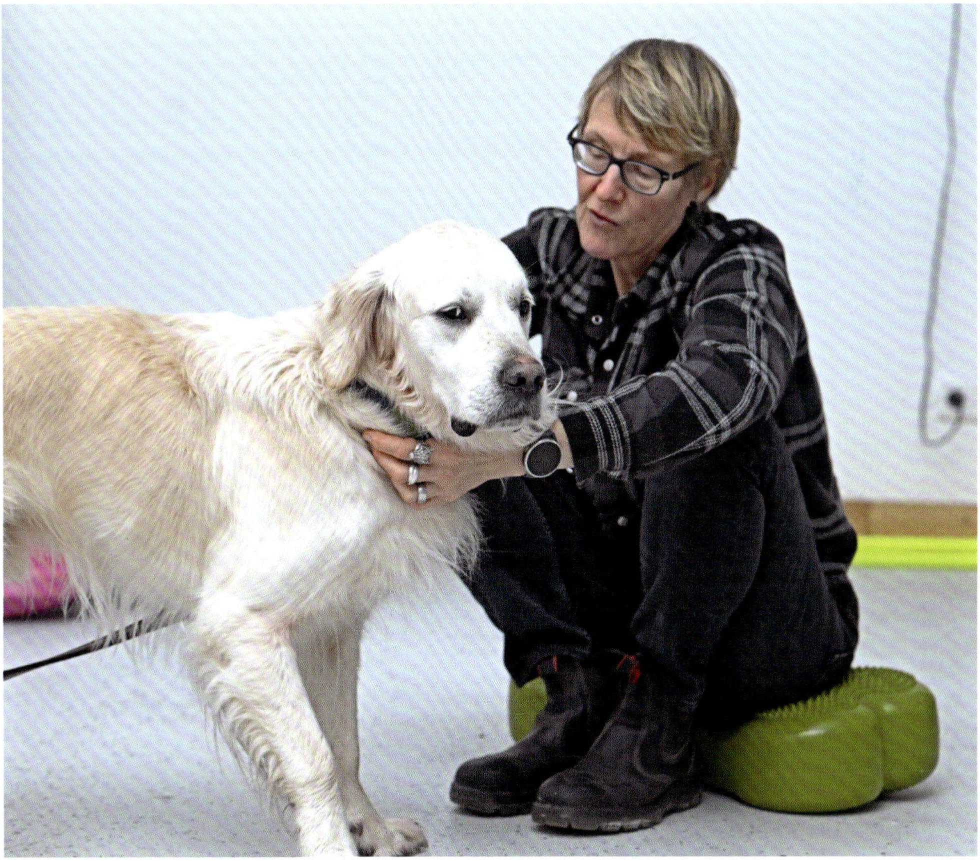

Um eine Störung der Funktion des Vagusnervs durch den Atlaswirbel zu beheben, kann es ein erster Schritt sein, die Halsmuskulatur unseres Hundes neben der Wirbelsäule zu massieren.

5. Traumafolgen: Eine Reset-Taste gibt es nicht

Traumatische Erfahrungen kann man nicht löschen. Es gibt keine Reset-Taste im Kopf, das Gehirn merkt sich alles.

Unerträgliche Zustände und Erinnerungen werden zwar meist ins Unbewusste verdrängt, um damit weiterleben zu können, aber die Erinnerungen verschwinden nicht. Sie entziehen sich nur dem bewussten Zugriff. Das ist gut so, damit das Gehirn nicht überlastet ist, der Stress der nicht funktionierenden Verarbeitung das Gehirn nicht schädigt. Das bedeutet, dass die Therapie von Traumafolgestörungen wie durch Trauma verursachte Depressionen, Angststörungen, aggressives Verhalten, Panikattacken, dissoziative Zustände und Persönlichkeitsveränderungen nicht „ad hoc" therapiert werden können.

Ein wesentlicher Bestandteil der Therapie ist Stabilisierung. Das bedeutet, dass für das betroffene Individuum zuerst Sicherheit geschaffen werden muss, damit das System sich erholen kann, die eigenen Ressourcen zur Aktivierung kommen können und dann, wenn überhaupt möglich, mit einer Verarbeitung, Aufarbeitung des Traumas begonnen werden kann.

Was schon für uns Menschen (Therapie von Mensch zu Mensch) eine große Herausforderung darstellt, ist eine mindestens genauso große Aufgabe für Therapeuten für Hunde. Hunde können uns nicht über ihren Zustand informieren. Wir können nur beobachten, uns hineinfühlen und versuchen, stabilisierende Faktoren und Ressourcen zu finden, die den Hund in der Verarbeitung unterstützen. Dieser Prozess sollte bei existenziellen Traumata von Fachpersonen begleitet werden, da die Bearbeitung eines Traumas immer die Gefahr von Flashbacks und Re-Traumatisierung birgt.

Erlernte Hilflosigkeit

Steve F. Maier und Martin Seligman begannen 1967 mit einem Experiment mit Hunden, in dem sie Hunden in Boxen Elektroschocks aussetzten. Die Hunde wurden in drei Gruppen aufgeteilt. Die erste Gruppe konnte sich mittels Betätigung eines Hebels aus der Box befreien, in der sie einem Stromschlag ausgesetzt wurden. Die zweite Gruppe hatte keine Möglichkeit aus der Box zu entkommen und die dritte Gruppe wurde zwar in die Box gesetzt, jedoch keinen Elektroschocks ausgesetzt.

Wie zu erwarten war, befreiten sich die Hunde der ersten Gruppe zuverlässig und schleunigst aus ihrer Folterbox, während die Tiere der zweiten Gruppe sich winselnd in ihr Schicksal ergaben, da sie keine Fluchtmöglichkeit hatten.

In einem zweiten Versuchsteil setzten Seligman und Maier eine neue Konstruktion ein, in der zwei Boxen mittels eines überspringbaren Mittelsteges voneinander getrennt waren. Die Hunde wurden in die eine Box gesetzt und konnten in die zweite hineinspringen. Die Hunde der ersten Gruppe, die gelernt hatten, dass sie mittels des Hebels eine Möglichkeit zur Selbsthilfe hatten, sprangen sofort bei erneuten Elektroschocks aus der ersten Box in die rettende, schockfreie zweite Box, während die Hunde der zweiten Gruppe dies nicht taten. Sie hielten in Hilflosigkeit aus und versuchten nicht einmal mehr, sich zu retten. Sie waren hoffnungslos. Sie hatten gelernt, dass sie hilflos und ohne jede Selbstwirksamkeit waren.

Die Hunde der dritten Gruppe sprangen ebenfalls umgehend aus der Folterkiste.

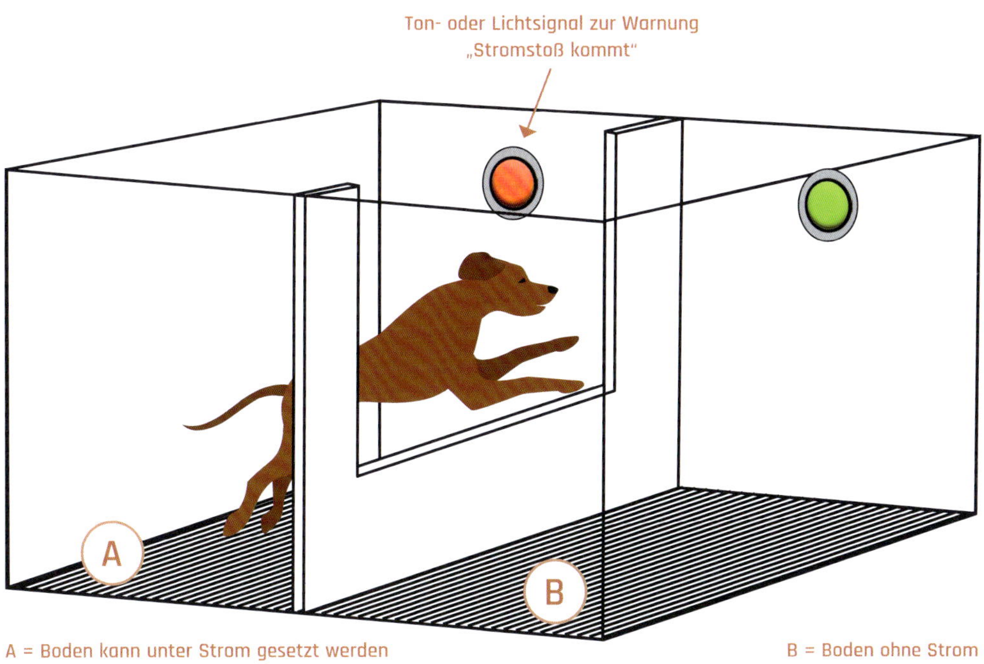

Dieser Versuchsaufbau und die Rückschlüsse, die aus der erlernten Hilflosigkeit für das Verständnis von Depressionen, Hoffnungslosigkeit und PTBS (Posttraumatische Belastungsstörung) gezogen wurden, sind sehr bekannt und werden häufig zitiert: Die Erfahrung der maximalen Hilflosigkeit (traumatisch!), die Ausweglosigkeit einer Situation bewirkt Hoffnungslosigkeit und Erstarrung. Das Individuum schafft es nicht, sich zu retten, sondern ergibt sich in sein Schicksal. Diese Hoffnungslosigkeit macht es so schwer Depressionen und Traumafolgestörungen zu heilen.

Weit weniger bekannt ist hingegen ein weiterer Teil der Untersuchungen von Seligman und Maier: Sie studierten, wie sie die Hunde aus ihrer hilflosen Erstarrung holen konnten.

Erst das mehrmalige zwangsweise Herausziehen aus der Box eröffnete den Hunden die Möglichkeit der Selbstbewegung, die sie dann aber zuverlässig ausführten. Die Bewegungserfahrung führte dazu, dass sie ihre Hilflosigkeit überwanden und sich selbst zu befreien lernten!

Die Erstarrung und Hoffnungslosigkeit konnte also durch angeleitete Bewegung, durch ein Durchbrechen der körperlichen Erstarrung, aufgelöst werden. Die Selbstwahrnehmung wurde durch Berührung wieder aktiviert und die Hilflosigkeit aufgehoben. Steve F. Maier folgerte aus dieser Beobachtung, dass Bewegung bei der Verarbeitung und Bewältigung von Traumata hilfreich sein könne.

Natürlich waren diese Hunde trotzdem schwer traumatisiert und ich kann mir kaum vorstellen, dass sie jemals wieder Vertrauen zu Menschen aufgebaut haben. Dennoch erfuhren sie sich selbst wieder als handlungskompetent und konnten so einen wesentlichen Teil der Traumafolgen kompensieren: Die erlernte Hilflosigkeit.

Diese Erkenntnisse verdeutlichen, wie sehr die körperliche Bewegung, die Selbst-Bewegung, Einfluss auf psychische Zustände nimmt und es erscheint mir nur logisch, motorische Förderung zur Unterstützung von seelischer, geistiger und körperlicher Heilung einzusetzen.

6. Fasziniere deinen Hund: Faszien behandeln

Wie bereits beschrieben, können wir anhand der Beschaffenheit der Fasziengewebe sowohl Rückschlüsse auf psychische als auch körperliche Zustände ziehen.

Ebenso kann die Anwendung des „Faszienziehens" oder „Faszienrollens", nicht mit einer mechanischen Faszienrolle, sondern mit Fingerspitzengefühl, Spürsinn und Einfühlungsvermögen, Erleichterung für unseren Hund bringen.

Insbesondere nach anstrengenden Tagen mit viel Aktivität oder angespannten, fordernden Bewegungen, ungewohnter Ruhigstellung oder psychischer Belastung empfinden an die Behandlung gewöhnte Hunde unsere Bemühungen als Hilfestellung und wohltuend. Meine Hunde fordern eine Faszinierung ihres Rückens, der seitlichen Rumpfpartie und nicht zuletzt der durch angestrengtes Denken, konzentriertem „Ausschauhalten", in die Sonne blinzeln et cetera verspannten Stirn förmlich eine Entlastung durch eine Faszienbehandlung ein, durch Präsentation ihres Rückens im Sitzen und aufdringlichem Näherrücken.

Ich freue mich darüber, dass sie meine Behandlung als so wohltuend empfinden und mir deutlich mitteilen, was ihnen guttun würde. Es bleibt natürlich meine Entscheidung, ob ich dem Folge leiste. Meist jedoch tue ich das und tue es gerne. Und ich bemerke, wie viel dieser kleine Aufwand für mich bei den Hunden bewirkt. Sie sind entspannter, ihr Bindegewebe ist elastischer und ihre Bewegungen und somit der Ausdruck ihrer Gefühle ist freier.

Nicht selten verändert sich durch das Lösen der Faszien im Rücken, Nacken, Rumpf- und Kopfbereich das Fellbild. Veränderungen im Fell, leicht abstehendes, „ungeordnetes" Fell, neue Wir-

Faszien rollen bei Leo.

bel et cetera können darauf hindeuten, dass das Fasziengewebe verspannt, verklebt ist und wir können erkennen, wo es „hakt“ und dass unsere Bemühungen von Erfolg gekrönt sind.

Sollte dies nicht der Fall sein ziehen wir, wie gewohnt, eine Fachperson zu Rate. Aber allein schon das genaue Beobachten, Fühlen und Spüren des körperlichen Zustands unserer Hunde ermöglicht es, einige Dysfunktionen frühzeitig zu entdecken und so besser behandelbar zu machen.

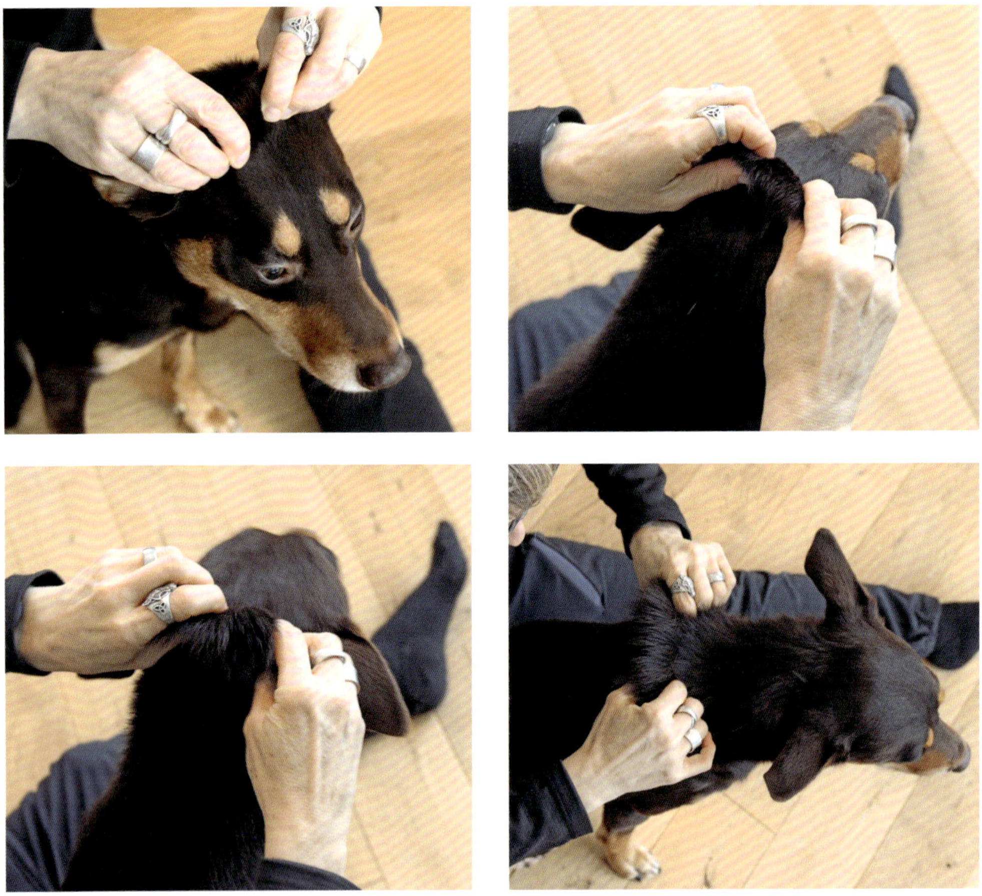

Wim wird „fasziniert“.

Mobilisierung schafft Beweglichkeit

Unsere Hunde-Physiotherapeutin empfahl uns vor etlichen Jahren, auf der Wirbelsäule unserer geliebten, langsam alt gewordenen, Lia „Klavier zu spielen“. Damit meinte sie in Anlehnung an die Dorn-Therapie, die Dornfortsätze der Wirbelsäule (nur im Brust- und Lendenwirbelsäulen-Bereich sind die oberen Dornfortsätze unter Fell, Haut und Faszien zu ertasten) sanft und nur für Bruchstücke eines Millimeters hin- und her zu bewegen. So lassen sich leichte Blockaden lösen und die Zwischenwirbelgelenke (Facettengelenke), die von verdickten Bändern, den Ligamenten, unterstützt werden, bleiben beweglich.

Zwischen den Wirbelkörpern befinden sich die Bandscheiben. Die Facettengelenke hingegen verbinden die Wirbelbögen, die aus den Dornfortsätzen gebildet werden. Sie sind maßgeblich für die Beweglichkeit der Wirbelsäule verantwortlich. Die Kapselhüllen, die die Facettengelenke umgeben, sind unterschiedlich straff und die besonders lockeren Kapselhüllen im Halswirbelsäulenbereich lassen deutlich mehr Bewegungen zu als in der Brust- bzw. Lendenwirbelsäule.

Die Beweglichkeit der Schwanzwirbelsäule ist rassespezifisch sehr unterschiedlich, aber deutlich größer als in Brust- und Lendenwirbelsäule. Dementsprechend unterschiedlich kann auch die Mobilisierung ausfallen.

Die Hüft-, Knie-, Ellbogen- und Pfotengelenke können ebenfalls mobilisiert werden.

Die Bewegungswinkel

Um ein Gelenk wie Hüft- oder Kniegelenk mobil und möglichst schmerz- und entzündungsfrei zu halten, bedarf es auf der einen Seite einer gesunden Ernährung. Es ist belegt, dass der Verzehr von Kohlenhydraten, insbesondere Zucker und Getreide, Entzündungen und somit Arthrose fördert. Das gilt für Mensch und besonders aber für den (überwiegend) Fleisch fressenden Hund.

In ihrem Buch „Die Arthrose-Lüge“ beschreiben Dr. Petra Bracht und Roland Liebscher-Bracht, wie man durch das bewusste Ausführen von Bewegungen im voll umfänglichen Bewegungswinkel ohne Gewichtsbelastung und mit gezielten Dehnübungen sogar bereits bestehende Arthrosen und Schmerzen positiv beeinflussen kann. Schonhaltungen verschlimmern die Symptomatik, wobei sich natürlich dem Ausbewegen und Dehnen, insbesondere bei Hunden, die ja nicht äußern können, ab wann es ihnen unangenehm wird, vorsichtig angenähert wird. Der Stoffwechsel im Gelenk, der für eine optimale Versorgung und Zusammensetzung von Knorpeln, Gelenkflüssigkeit und Bändern sorgt, wird durch die Ausbewegung und Dehnung angeregt.

Selbstverständlich sollten Hundehalter nun nicht wie wild an den Hundegelenken herumziehen und -dehnen. Sie können sich jedoch von MotoKynogogik® Coaches, Hunde-Physiotherapeuten oder Osteopathen zeigen lassen, was Sie selbst tun können!

Dehnung und Entspannung

Wir alle kennen verschlafene Hunde, die sich nach dem Wachwerden und vor dem Aufstehen im Körbchen erst einmal strecken und recken. Dabei wird im Vorderkörpertiefstand der Rücken gedehnt und im Vorschieben und Ausstrecken der Beine nach hinten die Oberschenkelmuskulatur.

Wir können unserem Hund jedoch noch viel mehr und effektivere Möglichkeiten der Dehnung anbieten. Wir sorgen dadurch nach unseren Trainingseinheiten dafür, dass die Muskulatur sich nicht verkürzt oder verkrampft und zudem flexibel bleibt oder wird. Das fördert ein gutes Körpergefühl, eine gute Durchblutung und Beweglichkeit und fördert so Entspannung auch auf geistiger und psychischer Ebene.

Dehnübungen erfolgen immer an einem Ort, an dem unser Hund sich sicher und geborgen fühlt, da er ansonsten mit Gegenspannung der Muskulatur reagieren würde.

Wir setzen uns neben unseren Hund, der gerade eine Einheit MotoKynogogik® absolviert hat oder draußen mit uns unterwegs war. Seine Muskeln sind also aufgewärmt.

Wir starten damit, seinen Arm (Vorderlauf) auf der uns zugewandten Seite am Ellenbogen zu stützen und für mindestens zehn Sekunden nach vorne zu schieben. Dabei dehnen wir die Schulter- und Armmuskulatur. Als nächstes wechseln wir auf die andere Seite.

Anschließend nehmen wir vorsichtig ein Bein (Hinterlauf) zwischen Hüfte und Knie, vorausgesetzt, unser Hund kann sich auf nur einem Bein gut genug halten, und drücken es sanft ein wenig nach vorn. Dadurch wird die Po- und die hinterseitige Oberschenkelmuskulatur gedehnt. Auch diese Übung wiederholen wir auf der anderen Seite.

Die Dehnung des Beines nach hinten ist nur bei Hunden möglich, deren Dornfortsätze im Lendenwirbelsäulenbereich nicht zu eng stehen (Kissing Spines) oder deren Wirbelkanal nicht verengt ist (z. B. durch Cauda equina) und die ausreichend beweglich ist (keine Spondylosen). Die durch die Biegung nach hinten verursachte verstärkte Kyphose (Hohlkreuz) könnte sonst schmerzhaft sein. Wir sollten daher nur ganz vorsichtig den Winkel der Beine verändern und auf keinen Fall gegen Widerstände anarbeiten!

Sollte unser Hund sich nicht auf einem Bein (und seinen zwei Armen) halten können, können wir diese Übungen auch im Liegen (auf der Seite) machen.

Eine weitere Übung zur Dehnung ist das sanfte Biegen des Rumpfes. Dafür können wir einen Gegenstand oder Futter in die eine Hand nehmen und uns neben oder hinter dem Hund positionieren. Zuerst zeigen wir unserem Hund das, was wir in der Hand haben und führen dann die Hand seitlich nach hinten, sodass unser Hund mit der Schnauze folgt. Unser Hund wird nur so weit mit der Schnauze folgen, wie es seine derzeitige Beweglichkeit zulässt. Die seitliche Dehnung für ein paar Sekunden halten lassen, sofern unser Hund dies mitmacht. Danach die Seite wechseln.

Mit demselben Gegenstand können wir nun auch eine Dehnung der Halsmuskulatur nach unten, mit einer Bewegung zu den Vorderpfoten, ausführen lassen.

Die Muskulatur der Zehen können wir bei duldsamen Hunden mit einer Spreizung durch manuellen Druck von unten auf die Pfotenballen dehnen.

Bei den meisten Hunden löst ein sanftes Kratzen mit den Fingern unterhalb des Knies eine Streckung des Beines aus.

Eine Dehnung und Lockerung der hinteren Rückenmuskulatur können wir durch Untergreifen vor den Beinen und leichtes Anheben des Hundes auslösen, da der hintere Teil des Rückens ein wenig herabhängt und wir eine Lordose auslösen, also eine Änderung der Krümmungsrichtung der Wirbelsäule. Dies entspricht etwa dem „Katzenbuckel", den einige Menschen aus Sport und Gymnastik kennen.

Dehnung der hinteren und vorderen Extremitäten

Flexibilisieren

Unser Hund hat durch seine gezielten motorischen und sensorischen Übungen die bestmögliche (psycho-)motorische Förderung und Unterstützung erhalten. Dadurch haben sich seine Selbstwahrnehmung und somit seine Selbstwirksamkeit entwickelt. Nun ist unser Hund bereit, diese Erfahrungen auch auf andere Situationen zu transferieren. Das zuhause geübte, entwickelte gute Gefühl für sich, seinen Körper, sein Selbstgefühl möchten wir unserem Hund auch in anderen Situationen ermöglichen.

Damit beginnen wir in einer bekannten Umgebung, dem Spazierweg, dem alltäglichen Gassigang. Vielleicht treffen wir dort normalerweise den Rüden von schräg gegenüber, den unser Hund so leidenschaftlich überflüssig findet und sich jedes Mal aufregt, wenn er ihn sieht.

Unser Hund hat aber nun gelernt, dass Berührung und / oder Bewegung guttut, die Gefühle „befriedet" und es leichter fällt, bei sich zu bleiben. Außerdem traut unser Hund sich nun mehr zu, kennt seine Kompetenzen und Ressourcen. Daher kann ich nun versuchen, in gebührendem Abstand zum Nachbarsrüden mit meinem Hund im Slalom um den Laternenpfahl und den Mülleimer zu gehen, damit er sich wieder sammeln kann und nicht die Fassung verliert. Oder ich bleibe stehen, hocke mich neben meinen Hund und massiere den Rücken, damit er sich spüren und beruhigen kann. Dabei achte ich natürlich darauf, in sicherer Entfernung zum anderen Hund zu bleiben.

Situationen, die meinen Hund vor der motokynogogischen Behandlung verunsichert oder aufgeregt haben, können wahrscheinlich nun leichter bewältigt werden. Dennoch achte ich darauf, meinen Hund nicht zu überfordern. Gehen wir in eine herausfordernde Situation und bewältigen diese, dann mache ich mindestens am nächsten Tag etwas „Leichtes", Freudvolles, das meinen Hund nicht weiter belastet. Hunde brauchen, genau wie Menschen auch, Zeit, um Erfahrungen und Reize zu verarbeiten. Dabei kann es, je nach Individuum und Reizempfindsamkeit, Reizverarbeitungskompetenzen und gemachten Vorerfahrungen bis zu drei Tagen dauern, bis ein Hund eine Situation verarbeitet hat.

Zu Beginn kann es sein, dass ich nur einmal in der Woche in eine Hundeschule meines Vertrauens gehe und dort, mit abschließendem Spannungsabbau, langsam und begleitet durch kompetente Berater, reizstärkere Situationen mit meinem Hund aufsuche.

Das Tempo der Flexibilisierung bestimmt nicht der Mensch, sondern der Hund. Neue Reize werden in bekanntem Umfeld, bekannte Reize in neuem Umfeld angeboten und die Zeit zur Verarbeitung und Erholung orientiert sich an den Fähigkeiten des Hundes.

Exploration

Exploration bedeutet Erkundung, Erforschung. Jedes Individuum lebt in seiner eigenen Welt, von der es sich ein Bild macht. Ein Bild aus Gerüchen, Geräuschen, Bildern und Wahrnehmungen auf körperlicher, geistiger und psychischer Ebene. Je erfahrener ein Individuum in seiner Lebensumwelt ist, desto leichter kann es sein Verhalten an die Bedingungen anpassen, die sein Lebensumfeld stellt.

Wenn ich nicht wüsste, dass man befahrene Straßen überqueren kann, indem man eine Ampel sucht und auf Grün wartet, dann hätte ich bei einem Besuch in Paris oder gar New York erhebliche Probleme. Ich benötige also Wissen und Erfahrung, um mich in der Welt zurechtzufinden.

Unsere Hunde erfahren zuallererst durch uns Menschen, wie ihre zukünftige Lebenswelt aussehen, sich anfühlen, riechen und sich anhören wird.

Bleibt es jedoch dabei, dass der Hund keine eigenen Erfahrungen mit dieser Welt machen kann, dann wird er wenig Wissen über die Funktionalität und Bedeutung von Reizen sammeln können und abhängig von unserer Erfahrung bleiben. Diese Abhängigkeit kann zu Unsicherheiten, ablehnendem Verhalten und Stress mit der Umwelt führen.

Das bedeutet nicht, dass unser Hund die Welt allein erkunden sollte, aber ich kann als Hundehalter dafür sorgen, dass unser Hund unter Obhut, in Sicherheit und mit meiner menschlichen Anleitung Erfahrungen machen kann.

Hunde entwickeln weniger Geräuschängste, wenn sie beispielsweise unterschiedliche Spielzeuge mit diversen Geräuschquellen kennen lernen können und so spielerisch eigene Kompetenzen entwickeln können. Wenn ein Hund ein verschlossene PET-Flasche mit Kronkorken oder Steinen im Inneren spielerisch durch die Gegend schiebt, selbst also ein Rasseln auslöst, dann wird er langfristig weniger geräuschempfindlich sein, vorausgesetzt er hat früher keine schlechten Erfahrungen mit Geräuschquellen, zum Beispiel Schüssen, gemacht.

P erkundet ihm unbekannte Gegenstände.

Kinder entdecken irgendwann, dass sie beim Drücken auf den Lichtschalter die Beleuchtung an- und ausschalten können. Das gibt ihnen ein machtvolles Gefühl für ihre Lebenswelt und weckt die Lust, die Welt noch mehr zu erforschen. Zudem ist es so, dass wir Kinder auch erst allein in ihrem Zimmer spielen lassen können, wenn sie verstanden haben, dass man nicht in die Steckdose fassen darf.

Exploration, also das Erkunden der Lebenswelt, das Erschließen neuer Erfahrungen, gibt den Individuen ein machtvolles Gefühl, das ihnen Lust auf weitere Erkundungen macht. Andererseits müssen wir die Erfahrungen derartig beschränken, dass unsere Kinder und Hunde nicht in Gefahr geraten.

Hunde brauchen keine Erfahrungen mit Straßenverkehr, sondern ein sicheres „Stoppsignal", damit sie nicht überfahren werden. Wohingegen Motorgeräusche, klappende Autotüren und quietschende Bremsen zu einem „normalen" Hundeleben dazugehören.

Wir können jedoch unsere Hunde nicht mit Autos spielen lassen oder sie dem Straßenverkehr aussetzen. Wir können sie aber im sicheren Rahmen, aus dem eigenen Auto heraus, die Geräuschreize wahrnehmen und sich daran gewöhnen lassen und wann immer es möglich ist, sie selbst Geräusche auslösen lassen.

Exploration kann aber auch das Erkunden der Blumenwiese bei einem gemeinsamen Ausflug oder die Wellen am Strand sein, die ein Hund gemeinsam mit mir erkunden darf. Bei der Exploration seiner Welt, die automatisch auch meine Welt ist, lasse ich meinen Hund nicht allein und es macht großen Spaß, sich immer wieder neue Situationen, aber auch Gegenstände auszudenken, die mein Hund mit Freude und Neugier erkunden darf.

Wim auf seiner Stein-Insel im Meer.

Erfahrene Hunde sind gelassene Hunde, sofern ihre Erfahrungen sie in ihrer Selbstwirksamkeit stärken.

Möglichkeiten zur spielerischen Exploration kann ich im heimischen Wohnzimmer anbieten, auf einer bekannten Außenfläche, an jedem Ort, an dem mein Hund sich sicher genug fühlt, um spielen zu können. Das Entscheidende hierbei ist, dass wir unseren Hund den Freiraum auch frei nutzen lassen. Wenn wir erwarten, dass er sich begeistert auf das eine oder andere Angebot stürzt, unbedarft und fröhlich mit etwas spielt, uns apportiert, erkundet und es sich aber herausstellt, dass er den Gegenstand begeistert zerstört, zerpflückt, schüttelt oder von uns wegträgt, dann ist eben auch dies Exploration. Erfahrungen zu ermöglichen bedeutet, keinen Auftrag zu stellen. Es bedeutet, das Portemonnaie gezückt zu halten, um neue Gegenstände anzuschaffen oder kreativ zu sein, um neue Ideen zur Exploration zu entwickeln. Wohl dem, der über beides verfügt. Sich darüber zu ärgern, dass der Hund unser Geschenk nicht wertschätzt, dass wir viel Geld ausgeben, um „schöne" Gegenstände zu erwerben, ist ebenso sinnlos, wie ausschließlich PET-Flaschen mit Inhalt anzubieten. Irgendwann ist die PET-Flasche eben keine neue Erfahrung mehr. Neue Erfahrungen sind neue Haptiken, Materialien, Geräusche, Gerüche, Formen, Gewichte, Lichter und so weiter.

Empfehlenswert sind Baby- oder Kinderflohmärkte, die neben Kleidung auch immer ein wahres Shoppingparadies für explorationsfördernde Hundehalter sind.

Ich habe in all den Jahren tatsächlich noch keinen Hund kennengelernt, der sich in einer sehr sicheren Umgebung nicht zumindest ein bisschen mit neuen Gegenständen beschäftigen konnte und wollte und so etwas offener, entspannter, freudvoller und vielleicht sogar unbeschwerter in die Welt gegangen ist.

Albern sein erwünscht: Die Zauberkiste

Hunde des Typs „beherrschte Motorik" gehen oft in den Keller, um zu lachen. Sie sind selten albern, sondern eben beherrscht und manchmal ein wenig in sich gefangen. Ihnen tut es gut, wenn sie einfach mal lockerlassen dürfen und ohne Zielvorgabe spielen, erkunden, zerstören und Spaß haben dürfen. Sie nehmen das Leben ein wenig leichter, wenn sie in einer für sie sicheren Umgebung spielerisch neue Erfahrungen mit unterschiedlichen Gegenständen machen dürfen.

Mein Hund Wim, der das lebende Bild des Hundetyps „beherrschte Motorik" ist, liebt es, bei uns im Seminarraum (oder auch im Wohnzimmer) in die „Zauberkiste" gucken zu dürfen. Darin sammele ich unterschiedlichstes Hundespielzeug, Babyspielzeug und andere Dinge, die mir interessant und tauglich erscheinen: Quietschspielzeuge, blinkende Bälle, Stofftiere, grunzende Gummischweine, Rasseln, Greifspielzeuge für Babys, Beißringe, Igelbälle, Stücke von Schwimmnudeln und vieles mehr.

Wenn ich an 1-Euro-Shops vorbeikomme, in denen die Hundekollektionen der vergangenen Jahre sehr günstig verkauft werden, schlage ich mit Begeisterung zu, denn die Spielzeuge dürfen von Wim (und den anderen Hunden) auch kaputtgemacht werden, wenn dies im Spiel geschieht. Mein kleiner, draußen sehr ernster, Wim ist dann vergnügt, begeistert, interessiert, aufgeschlossen und ein glücklicher kleiner Kelpie. Und dies fördert insgesamt seine Offenheit und Flexibilität. Manchmal gucken wir gemeinsam in die Kiste, manchmal darf er sie alleine ausräumen und sich das Spielzeug aussuchen, das ihn begeistert.

Die Zauberkiste eignet sich auch für alle anderen motorischen Typen und fördert neben der Aufgeschlossenheit auch soziale Kompetenzen, da wir uns gemeinsam mit unseren Hunden mit diesen spannenden (Spielzeug-)Ressourcen beschäftigen.

Auch sehr, sehr ernste Hundetypen (z.B. Herdenschutzhunde) oder Hunde aus dem Tierschutz können sich für die Zauberkiste begeistern, wenn sichergestellt ist, dass im Moment der albernen Versenkung keine Gefahr drohen kann, also kein fremder Hund oder Mensch dazukommen kann. Das bedeutet, dass die Kiste im Innenraum zum Einsatz kommt und nur in Ausnahmefällen, bei Hunden die sich außerhalb des Hauses sehr entspannt bewegen, im Außenbereich.

Ich werde niemals das MotoKynogogik®-Seminar vergessen, bei dem der wunderbare Bullmastiff Boerne das erste Mal Seifenblasen, die sein Frauchen in der Zauberkiste gefunden hatte und in die Luft blies, bestaunt hat: Neue Erfahrungen, die spielerisch den eigenen Horizont erweitern, bereichern nicht nur Menschen-, sondern auch Hundeseelen.

Boerne bestaunt die Seifenblasen.

Kniffelspaß für ungeduldige Hunde

Der Typ „freudige Spontanmotorik“ hätte es vielleicht ein wenig leichter im Leben, wenn wir seine Geduld fördern und für ausreichend Erholungsphasen und Ruhe sorgen würden. Dafür eignen sich ganz wunderbar leicht kniffelige Aufgabenstellungen, bei denen unser Hund sein Köpfchen gebrauchen muss, aber auch Aufgaben im Team, wobei unser Hund auf uns als Partner angewiesen ist und somit Geduld im Teamwork entwickeln muss.

Dazu eignet sich zum Beispiel eine Suche nach einem oder mehreren Beute-Beuteln oder Spielzeugen, die hinter geschlossenen Zimmertüren, dem Gartentörchen, in einer Astgabel etc. liegen. Sobald unser „Spontanmotoriker“ anzeigt „dahinter / da oben ist etwas“, unterstützen wir unseren Hund durch Öffnen der Tür oder auf Astgabelhöhe Hochheben des Hundes, damit er dort den Beute-Beutel „erbeuten“ kann. Der Moment, um Hilfe zu bitten (Blickkontakt, abwarten > anzeigen), abzuwarten und dem Menschen dann erst einmal für einen Moment den Vortritt zu lassen, fällt vielen Hunden dieses Typs schwer.

Auch komplexere Handlungsabläufe fördern die Geduld und das Nachdenken der Hunde. Einen Beute-Beutel oder eine Socke aus einem zugeklebten Karton „auszupacken“ (Karton zerfetzen), in der Socke ein Tüchlein mit einem Geruch (z. B. ein Teelöffel Joghurt in 0,5 Liter Wasser auflösen und mit zwei Tropfen das Tuch beträufeln) zu finden, dem Geruch als Spur zu folgen (z. B. Tröpfelspur mit dem Rest des Joghurtwassers), am Ende der Spur die PET-Flasche mit einem kleinen Rest des Joghurt-Wassers zu finden, die an einer Schnur festgebunden ist, an deren Ende ein Beute-Beutel befestigt ist, der mittels der Schnur aus einer Astgabel herabgezogen werden kann …

Das fordert auch sehr intelligente Hunde, ergibt für sie Sinn (am Ende gibt es eine Mahlzeit aus dem Beute-Beutel), fördert die Flexibilität und die Geduld.

Wir müssen uns und unseren Hunden nicht jeden Tag diese schweren Aufgaben stellen, aber zwei Mal in der Woche darf es gerne etwas zum Grübeln, für die Geduld und geistige Flexibilität geben.

Den Gefühlen Freilauf lassen

Hunde sollen immer nett sein, nicht knurren, nicht bellen, nicht beißen. Auch traurige Hunde verunsichern Menschen. Aber wie befreiend kann es sein, destruktive Gefühle ausleben zu dürfen! Einige Menschen machen dafür bestimmte Sportarten, versuchen sich körperlich auszuagieren. Die meisten von uns sind jedoch ebenso gehemmt, wie wir uns unsere Hunde wünschen und wissen doch genau, wie ungesund für Psyche, Geist und Körper stetig unterdrückte Gefühle sein können.

Destruktivität kann in Bahnen gelenkt reinigend, stärkend und befreiend sein. Eine Wut, die gezielt ausagiert wird, vergeht, ist Kraft und Potenzial. Unterdrückte Wut wird zur Trauer, wird Verzweiflung, erstarrt und erstickt uns. Ebenso ergeht es unseren Hunden.

Hunde erfahren in ihrem Leben immer wieder, dass sie hilflos und abhängig sind. Sie haben wenig Möglichkeiten, ihr Leben aktiv zu beeinflussen. Ebenso wie wir Menschen sind Hunde zu Beginn ihres Lebens von ihrer Mutter oder einer anderen Fürsorge-Person abhängig. Wenn diese Person ihrer Aufgabe liebevoll, verlässlich und mit Maß nachkommt, dann entsteht in dieser ersten Abhängigkeit ein Gefühl von Geborgenheit und Wärme. Der beste Start in ein Leben.

Ist diese erste Fürsorgeperson jedoch aus irgendeinem Grund unzulänglich, dann entsteht die erste Angst, Wut, Verzweiflung oder Trauer, das erste Defizit und das Gefühl bleibt. Setzt sich fest und es darf in unserer Welt nicht sein, dass unser Hund nicht fröhlich, dankbar, treu, liebend, anhänglich, verzeihend, mitfühlend und rücksichtsvoll ist. Ähnliche Ansprüche stellen wir auch an uns selbst, an unsere Partner, Freunde et cetera.

Viele Menschen sind von Menschen enttäuscht und erwarten, dass der Hund der bessere Mensch ist. Was für eine Last, was für eine Selbstverleugnung! Wie oft werden bellende Hunde ermahnt, an der Leine gerissen, zur Stille gezwungen. Dabei ist Wut kraftvoll, die Meinung zu sagen gesund. Die Meinung zu sagen, die Wut herauslassen zu dürfen bedeutet nicht „böse" zu sein, sondern wertschätzend mit den eigenen Gefühlen umzugehen. Ich wünschte mir Menschen, die mit ihren Hunden die Welt anbrüllen, anstatt zu versuchen, ihre Hunde zum Schweigen zu bringen.

Dabei kann es so einfach sein: Lassen wir unsere Hunde wütend sein. Lassen wir sie Kartons und Papier zerfetzen, Fetz-Filze auseinanderrupfen, lassen wir sie rennen und bellen, wenn sie uns mal wieder für naiv, ahnungslos und den schlechtesten Hundehalter der Welt halten. Lassen wir sie schimpfen und freuen uns daran, dass sie loswerden, was sie bedrückt.

Wir können ihnen dabei den Rahmen vorgeben für ihr Ausleben des inneren Schweinehundes. Der menschliche Körper ist tabu, die Möbel sind tabu. Wir geben ihnen Raum und Zeit, sich auszuleben, um entspannter zu werden. Wohl wissend, dass Wut und Frustration normale Gefühle sind.

Ist unser Hund hingegen immer wieder in einer Situation extrem erbost, dann sollten wir vielleicht überdenken, was wir unserem Hund da anbieten.

Eine Seminarteilnehmerin fragte mich gerade, warum ihr Hund beim Treibballspielen so ausflippt, schon sehr viele Bälle zerstört hat. Nachdem wir im Gespräch herausarbeiten konnten, dass nur die Situation des Treibballspielens auf einem vorgegebenen Spielfeld mit der immer gleichen Zielvorgabe, die Bälle in ein Tor zu schieben, die Aufregung und Zerstörungswut auslöst, nicht jedoch das Spiel im Wald oder das Treiben der Bälle auf einen Pferdehänger, war die Situation eindeutig: Er ist total frustriert, weil er den Sinn des Spiels in der steten Wiederholung der Abläufe nicht sieht und sich vorgeführt, unterfordert und hilflos fühlt, weil viel dafür getan wurde, damit er „anständig" spielt und keine Bälle mehr zerstört. Der einzige Rat, den ich in einer solchen Situation geben kann: Freu dich, dass dein Hund zu intelligent und engagiert ist, um ein ödes Spiel mitzumachen und dass er den Mut hat, sich dir mitzuteilen! Nicht jeder Hund hat so viel Vertrauen, dass er sich traut, seine Meinung zu sagen.

Ein trauernder Hund braucht Zeit und Nähe oder auch Abgeschiedenheit. Ein wütender Hund darf fetzen, ein alberner Hund darf kaspern und ein ängstlicher Hund darf auf unsere Unterstützung vertrauen.

Von zuhause in die Welt

Die meisten Übungen zur Förderung des seelischen, geistigen und körperlichen Wohlbefindens unserer Hunde haben wir zuhause erprobt und in unsere alltägliche Routine mit den Hunden eingebunden.

Hier ist es möglich geworden, dass sich unsere Hunde bewusster, achtsamer und entspannter bewegen und verhalten. Wir konnten durch moto-diagnostische Beobachtungen und gezielte Aufgabenstellungen vielleicht das ein oder andere Problem unseres Hundes erkennen und verstehen und haben begonnen, dieses im sicheren Rahmen des vertrauten Zuhauses aufzulösen oder zumindest in eine entspanntere Richtung zu modifizieren.

Doch wie bringen wir nun diese Entwicklung auf die Straße? Wie schaffen wir es, dass unsere Hunde nicht nur zuhause fokussierter, konzentrierter, entspannter, emotional freier und in der Selbstdosierung effektiver sein können?

Grundsätzlich ist es wichtig, dass wir uns und unseren Hunden zugestehen, kleine Schritte zu machen. Es ist sinnvoll, für Ausflüge Strecken auszusuchen, auf denen wir kleine motorische Einheiten zur Sammlung und Konzentration der Hunde einbauen können.

Ob es im Wald über Baumstümpfe und Äste, Zweige und unterschiedliche Untergründe geht oder in der Stadt ein Slalom um Fahrradständer oder Mülltonnen und Kies- und Asphaltflächen erobert werden, spielt keine Rolle. Entscheidend ist, dass kleine motorische Anforderungen dafür sorgen können, dass unser Hund in seiner Selbstwahrnehmung bleibt. Oder diese nach Aufregung wiedererlangt.

In akuten Situationen, in denen unser Hund unterwegs „eskaliert", ist es oft hilfreich, mit ihm an der Leine zum Beispiel um Parkbänke, Bäume, Fahrradständer et cetera Slalom zu laufen. Diese einfache Form der geführten Bewegung hilft vielen Hunden, sich zu sammeln.

Bemerken wir, dass unser Hund sich schlicht und einfach aufregt, nicht ansprechbar ist und die Konfrontation zum Beispiel mit anderen Hunden oder tobenden Kindern nicht aushalten kann, dann ist es für den Moment sinnvoll, sich räumlich so weit zurückzuziehen, dass es für unseren Hund aushaltbar wird. Ist dies in der Situation nicht möglich, versuchen wir unseren Hund zu halten, uns den auslösenden Reizen zuzuwenden und Ruhe zu bewahren.

Je mehr unser Hund sich in der angespannten Situation an unserer Ruhe orientieren kann, desto leichter wird es auch für ihn, lockerer zu lassen. Schwierig würde es werden, wenn wir uns von dem Stressor abwenden und uns unserem Hund zuwenden, denn wenn wir uns nicht um den Stressor kümmern, ihn scheinbar nicht einmal bemerken, desto eher wird unser Hund nach vorne in die Leine springen und sich selber „kümmern".

Mir ist bewusst, wie schwer es ist, in allen Situationen Ruhe zu bewahren. Ich versuche bei Aufregung tatsächlich tief zu atmen, insbesondere lange auszuatmen, denn auch wir neigen dazu (genau wie unser Hund) bei Anspannung das Zwerchfell zu verspannen und das Atmen entweder abzuflachen oder einzustellen. Das mangelnde Ausatmen behindert, wie bereits beschrieben, den Vagusnerv bei seiner Arbeit, der Parasympathikus kann nicht wirksam werden und wir werden immer unentspannter.

Sollte ein sehr großer oder sehr gewichtiger vierbeiniger Partner an unserer Seite sein, dann kann ich nur empfehlen, sich den nächsten Laternenpfahl oder Baum zu suchen und die Leine darum zu legen, um unseren Hund auch in dieser Situation halten zu können.

Keinesfalls würde ich den Hund an einem Gegenstand festbinden, da dies die Gefahr birgt, dass wir ihn bei tatsächlicher Gefahr nicht schnell genug losbinden können. Leider habe ich vor Jahren einen Bericht darüber gehört, dass ein am Zaun festgebundener Hund von zwei anderen Hunden totgebissen wurde, weil seine Halterin nicht mehr zu ihm gelangen konnte, um ihm die Flucht zu ermöglichen.

Insgesamt kann ich jedem empfehlen, schwierige Situationen im Rahmen einer sehr guten Hundeschule zu üben, damit sowohl Mensch als auch Hund Routine erlangen können. Grundsätzlich fällt es Hunden mit einer gut entwickelten Selbstwahrnehmung und der Fähigkeit, mit den eigenen Gefühlen umzugehen, leichter, mit Stressoren und Schwierigkeiten zurechtzukommen als Hunden, die nicht „bei sich" sind. Immer wieder höre ich Beschreibungen von Kunden, die ihren Hund als „außer sich", meint „nicht ansprechbar" erleben. Wenn wir in unserem sicheren Zuhause erreicht haben, dass unser Hund sich besser spüren kann, dann wird es auch draußen leichter werden. Allerdings braucht dies, wie auch der Aufbau der Übungen zuhause, das Einfühlungsvermögen von uns Menschen, da unsere Hunde schlecht beschreiben können, wie es ihnen gerade geht, wann sie überfordert sind et cetera. Lösen wir uns jedoch von unseren Erwartungen, dann werden wir mit dem inzwischen zur Routine gewordenen „Mitfühlen" für unseren Hund erkennen, wann es Zeit für Rückzug und Entspannung ist.

Die Moral von der Geschichte …

Hunde verfügen nicht über die logische oder sprachliche Intelligenz wie wir Menschen und es mag auch sein, dass sie einige Erlebnisse weniger tief empfinden als wir es tun. Sie werden jedoch, genau wie wir, wesentlich geprägt durch ihre Lebenserfahrungen. Beginnend mit dem Zeitpunkt der Geburt sammeln Hunde Erfahrungen wie wir auch. Liebende, nährende, versorgende und fürsorgliche früheste Erfahrungen prägen sie und uns ebenso, wie Erfahrungen des Mangels, der Not, des Zurückgewiesenwerdens, des Nichtwillkommenseins, der Ohnmacht, des Schmerzes und der Angst.

Anders als wir haben Hunde jedoch in unserer Welt kaum die Möglichkeit, mit diesen Erfahrungen umzugehen. Ihnen bleibt nur die Reaktion auf das, was ihnen geschieht. Daraus können aggressives Verhalten, Ängste, Traumafolgestörungen und Verhaltensmuster resultieren, die sich nicht einfach durch ein paar Tricks verändern, beeinflussen oder löschen lassen.

In diesen Fällen, die leider nicht sehr selten sind, scheitern viele Hundeschulen, Erziehungsversuche oder Verhaltenstherapien für Hunde, da sie nur versuchen, die Symptomatik zu beeinflussen.

MotoKynogogik® bietet die Möglichkeit, mit den Ursachen des Verhaltens, der Ängste und Muster umzugehen und unseren Hunden eine Heilung in sich selbst zu ermöglichen. Zusätzlich lernen wir durch die genaue Beobachtung unsere Hunde erneut und anders kennen, unser Horizont und unsere Sichtweise erweitern und verändern sich.

Wenn wir einmal verstanden haben, was es bedeuten kann, wenn ein Hund sich staksig, gehemmt oder überschießend bewegt, wie er vermeidet, über bestimmt Untergründe zu gehen oder wie wenig er sich zutraut, dann werden wir dies nach der Lektüre dieses Buches nicht mehr übersehen können.

Hunde sind Individuen, sie müssen und dürfen ihre eigene Lebensgeschichte durchleben und leider manchmal auch durchleiden. Sie erleben Ängste, Traumata, Freude, Euphorie, Liebe, Hingabe, Leidenschaft, Wut, Empörung, Verzweiflung und Hoffnung.

Wir sind dabei ihre Begleiter. Wir geben ihnen einen Rahmen, in dem wir sie fördern, unterstützen und ermutigen und sie, egal wie schwer es sein mag, nicht allein lassen und sie lieben. Egal, was sie tun.

Wir können empathisch und wertschätzend bleiben und somit die Welt für unsere Hunde verändern. Unterstützung in unserem Handeln bekommen wir durch Fachpersonen, die uns und unseren Hund individuell unterstützen. Es lohnt sich, bei Hundeschulen genau hinzuschauen, wer da was auf welcher Grundlage anbietet. Das gleiche gilt für Tiermediziner und andere Fachpersonen. Wir sind als Hundehalter immer gefordert, zu hinterfragen, was uns empfohlen wird, ob es andere Meinungen, Sichtweisen oder Erkenntnisse gibt, die unserem Hund weiterhelfen können.

Und wenn wir nicht der Mensch sein können oder wollen, den unser Hund braucht, dann können wir ergründen, warum dies so ist. Dann hat dies wahrscheinlich nicht sehr viel mit unserem Hund zu tun, sondern vielmehr mit unserer eigenen Geschichte, mit unseren ungelebten Gefühlen, mit mangelnder Selbstwahrnehmung, mit Defiziterfahrungen in der Kindheit oder anderen belastenden und einschränkenden Erfahrungen unseres eigenen Erlebens.

Und auch wir sind es wert, uns mit uns zu beschäftigen, zu ergründen, was uns im Weg steht und uns Unterstützung für uns selbst zu holen, sollte dies notwendig sein.

Einen beschwerlichen Weg mit Wegweiser zu gehen, ist mutiger als auf der alten Couch sitzen zu bleiben!

Gemeinsam auf neuen Wegen

Nachwort

Ich habe mich viele Jahre lang mit der Selbstbewegung von Hunden beschäftigt, habe unzählige Male zwei oder mehr Hunde einer Rasse, die miteinander leben, beobachten und begleiten dürfen. Ich habe Wurfgeschwister in ihrer Entwicklung und Unterschiedlichkeit kennen gelernt, habe Hunderte von Hunden in unserer Pension erlebt und untersucht, beobachtet und ihre Bewegungen und ihre Psyche kennengelernt. Dabei glaube ich mit der Zeit verstanden zu haben, was ich da sehe und fühle. Dies zu schreiben und zu beschreiben, Wege zu suchen und zu finden, wie wir systematisch die Komplexität unserer Hunde begreifen und verstehen können, war mir eine große Freude und zugleich eine große Anstrengung.

Nein, es gibt nicht die Studien, die sich exakt mit dieser Thematik beschäftigen. Warum auch? Was ließe sich daraus ableiten? Es gibt kein „Immer wenn, dann …", nicht jeder Welpe, der als Kaiserschnitt zur Welt kam, zeigt später exakt die eine Auffälligkeit. Nicht jeder mit sechs Wochen von seinen Geschwistern gemobbte Welpe wird selber zum Mobber, nicht jeder sich aggressiv verhaltende Hund hat eine Traumafolgestörung. Wie sollten sich denn bei einem so weiten Feld Studien erstellen lassen?

Intensive Beobachtungen und die gewachsene, jahrzehntelange Erfahrung, dass bestimmte Förderungen und Unterstützungen Wirkung zeigen, sind meine Studie. Und ich bin sehr glücklich darüber, dies nun in Form des vorliegenden Buches an interessierte Leser weitergeben zu können.

Ich bin sehr dankbar, dass ich immer wieder auf Menschen treffe, die sich die Frage stellen: Warum bin ich so mit meinem Hund? Warum fällt es mir schwer, mich selbst zu entwickeln? Was weiß, spüre oder fühle ich nicht von mir? Und ich freue mich in systemischen Aufstellungsabenden, in Einzel-Coachings und Gesprächen oder im Rahmen von Seminaren, die sich mit mehr als Hundeerziehung beschäftigen, mit Menschen gemeinsam Schritte zur inneren Selbstbewegung und -entwicklung gehen zu können. Ich begleite Menschen auf ihrem Weg mit dem Hund und erlebe oft, wie wunderbar es ist, sich gemeinsam mit dem Hund zu entwickeln.

Bewegung ist Leben.

Bewegung ist Leben

Quellen

- Bauer, Joachim: Schmerzgrenze: Vom Ursprung alltäglicher und globaler Gewalt, Heyne Verlag, 2013
- Bekoff, Marc; Pierce, Jessica: Vom Mitgefühl der Tiere: Verliebte Eisbären, gerechte Wölfe und trauernde Elefanten, Frankh Kosmos Verlag, 2011
- Berger, Mathias: Psychische Erkrankungen, Klinik und Therapie, Urban und Fischer, 2018
- Breidenbach, Olaf; Erlewein, Rebecca: Lehrbuch Dorn-Therapie: Mit Skribben und Breuß-Massage, Karl F. Haug, 2015
- Eibl-Eibesfeldt, Irenäus: Grundriss der vergleichenden Verhaltensforschung, BuchVertrieb Blank, 2004
- Feddersen-Petersen, Dr. Dorit Urd: Hundepsychologie: Sozialverhalten und Wesen, Emotionen und Individualität, Frankh Kosmos Verlag, 2004
- Feddersen-Petersen, Dr. Dorit Urd: Ausdrucksverhalten beim Hund: Mimik und Körpersprache, Kommunikation und Verständigung, Frankh Kosmos Verlag, 2008
- Fiedler, Peter: Dissoziative Störungen, Hogrefe Verlag, 2013
- Fischer, Klaus: Einführung in die Psychomotorik, Ernst Reinhardt Verlag München, Basel, 2009
- Fisher, Janina: Die Arbeit mit Selbstanteilen in der Traumatherapie, Junfermann Verlag Paderborn, 2019
- Foltin, Dr. Sandra: Black Dog, Depressionen und andere psychische Erkrankungen beim Hund, Kynos Verlag, 2023
- Gräff, Christiane, Meermann, Silke: Osteopathie bei Hunden, Verlag Eugen Ulmer, 2017
- Hayes, Steven C., Folette, M. Victoria; Linehan, M. Marsha (HRSG.): Achtsamkeit und Akzeptanz, das Erweitern der kognitiv-behavioralen Tradition, dgvt-Verlag, 2012
- Heedt, Thorsten: Psychotraumatologie: PTBS und andere Traumafolgestörungen und ihre Behandlung – griffbereit, Schattauer, 2017
- Heritier, Carmen; Rutz, Sandra: Praxisbuch Hundefitness: Grundlagen, zielgerichtetes Training und individuelle Übungskombinationen, Kynos Verlag, 2018
- Kiphard, Ernst J.: Psychomotorische Entwicklungsförderung, Bd. 1: Motopädagogik, Modernes Lernen, 2009
- Liebscher-Bracht, Roland, Dr. med. Bracht, Petra: Die Arthrose Lüge, Goldmann Verlag, 2017
- Kolk, Bessel van der: Verkörperter Schrecken, Traumaspuren in Gehirn, Geist und Körper und wie man sie heilen kann, G.P. Probst Verlag, 7. Auflage 2021
- Meerer, Janette; Vagus Nerv für Anfänger, Amazon Fulfillment, 2020
- Mehl, Robert; Die Psyche des Hundes; Frankh-Kosmos Verlag, 2021
- Mrozinski, Normen: Hütehunde als Begleiter: Rassen, Erziehung, Beschäftigung, Franckh Kosmos Verlag, 2014
- Myers, W. Thomas: Anatomy Trains, Myofasziale Leitbahnen, Urban & Fischer, 2015

- Neyer, Franz J.; Asendorpf, Jens B.; Psychologie der Persönlichkeit, Springer Berlin, 2017
- O`Heare, James: Die Neuropsychologie des Hundes, Animal Learn Verlag, 2009
- Paoletti, Serge: Faszien, Anatomie, Strukturen, Techniken, Spezielle Osteopathie, Urban & Fischer, 2011
- Parlow, Georg: Zart besaitet: Selbstverständnis, Selbstachtung und Selbsthilfe für hochsensible Menschen, FESTLAND Buch- u. Kunstverlag Peternell-Eder, 2014
- Pohl, Helga: Unerklärliche Beschwerden? Chronische Schmerzen und andere Leiden körpertherapeutisch verstehen und behandeln, Knaur Verlag, 2010
- Precht, Richard David: Tiere denken, Vom Recht der Tiere und den Grenzen des Menschen, Goldmann Verlag, 2016
- Ruppert, Franz; Banzhaf, Harald: Mein Körper, mein Trauma, mein Ich: Anliegen aufstellen – aus der Traumabiografie aussteigen, Kösel Verlag, 2017
- Rutz, Sandra: Form, Funktion, Fitness, Ganzheitliches Training für Sport und Physiotherapie beim Hund, Kynos, 2021
- Sack, Martin; Sachsse, Ulrich: Schonende Traumatherapie: Ressourcenorientierte Behandlung von Traumafolgestörungen, Schattauer, 2010
- Senf, Wolfgang; Broda, Michael; Voos, Dunja; Neher, Martin: Praxis der Psychotherapie: Ein integratives Lehrbuch, Thieme Verlag; 2020
- Siegel, Daniel J., Cattani, Franchita Mirella: Mindsight – Die neue Wissenschaft der persönlichen Transformation, Goldmann Verlag, 2012
- Schmitt, Susanne; Zemler, Sabine: Dorn-Therapie für Hunde, Kynos Verlag, 2021
- Schünke, Michael; Schulte, Erik; Schumacher, Udo; Voll, Markus; Wesker, Karl: Prometheus, Lernatlas der Anatomie, Thieme, 2018
- Tempelhof, Siegbert, Dr. med.: Krankheitsursache Atlaswirbel, Beschwerden heilen, die Ärzte ratlos machen, Arkana Verlag, 2017
- Tellington-Jones, Linda: Tellington-Training für Hunde, Frankh Kosmos Verlag, 2010
- Voss, Bernhard: Körperspuren: Ursachen körperlicher und psychischer Symptome verstehen und heilen, Kösel-Verlag München, 2020
- Van der Kolk, Bessel: Verkörperter Schrecken; Traumaspuren in Gehirn, Geist und Körper und wie man sie heilen kann, G. P. Probst Verlag, 7. Auflage 2021
- Wehrend, Acel (Hrsg.): Neonatologie beim Hund, Von der Geburt bis zum Absetzen, 2. überarbeitete Auflage, Schlütersche Verlagsgesellschaft, 2013
- Welter-Böller, Barbara; Welter, Maximilian; Janssen, Hedi: Faszientherapie beim Hund, Thieme, 2018
- Werner, Tina: Wellness für Hunde, Massage und Physiotherapie für jeden Tag, Oertel & Spörer, 2016

Danksagung

Irgendwann nimmt die Entstehung eines Buches seinen Anfang. Es gibt diesen Moment, in dem einem bewusst wird: Darüber sollte ich schreiben. In dem nun vorliegenden Buch ist das viele Jahre her.

Es fiel mir immer leicht, zu schreiben, meine Gedanken zu formulieren und zu sortieren, doch bei diesem Thema habe ich meine Gedanken hin und her geschoben, habe sortiert, verworfen, angefangen, abgebrochen und neu begonnen. Bis zuletzt haderte ich mit Reihenfolge, Inhalten und Formulierungen.

Ich danke meiner Frau Nina, die mir konstruktive und emotionale Rückmeldungen gab, mir bei der Recherche half, und mir so Mut machte, weiter zu sortieren und zu lesen und zu schreiben. Ohne ihr situatives Verständnis für besondere Momente und ihre Begeisterung für Hunde würden viele außerordentliche Bilder fehlen, die exakt das ausdrücken, was ich sagen möchte.

Ohne Bernhard Voss, bei dem ich meine therapeutischen Ausbildungen absolviert habe, der das wunderbare Buch „Körperspuren" geschrieben hat und der mich sehr ermutigt hat, diesen Transfer vom Menschen zum Hund zu beleuchten und zu beschreiben, wäre dieses Buch ein anderes geworden.

Ich bin meinen lieben Kolleginnen, Freundinnen und Freunden sehr dankbar, die auf dieses Buch gewartet und gedrängelt haben, für ihren Glauben an meine Fähigkeit, dieses Buch zu schreiben und die Überzeugung, dass dieses Buch unbedingt geschrieben werden sollte.

Danke an alle Hunde und ihre Menschen, die mir die Möglichkeit gegeben haben, Erfahrungen und Beobachtungen zu machen und ihr Vertrauen, sich von mir begleiten und beraten zu lassen.

Über die Autorin

Karin Jansen

Karin Jansen ist die Gründerin des Instituts für Kynogogik und der Hundeschule Stadt Mensch Hund. Sie ist Fachbuchautorin und Dozentin in den Bereichen Kommunikation, Psyche und Verhalten von Hunden und persönliche Weiterentwicklung des Menschen als Körper-Gestalt-Coach und systemische Familienaufstellerin.

In ihren Büchern, Vorträgen und Seminaren in Deutschland und der Schweiz betrachtet sie die Zusammenhänge von Körper und Psyche sowie die komplexen Beziehungen, die Einfluss auf unser Verhalten und das Zusammenleben mit unseren Hunden haben.

Ihre Erfahrungen aus der Arbeit mit Menschen in herausfordernden Lebenssituationen kann sie auch in die Arbeit mit schwierigen Hund-Mensch-Beziehungen oder persönliche Neuorientierung einbringen.

Karin Jansen beleuchtet bei ihrer Arbeit einfühlsam die großen Zusammenhänge, nicht nur was den Hund betrifft (Rassespezifität, Bedürfnisse, Körper, Psyche und Verhalten), sondern auch im Hinblick auf den Menschen und die Interaktion zwischen beiden Teampartnern.

Neben dem Fokus auf Hunde und unsere Beziehungen zu ihnen, beschäftigt sich Karin Jansen auch intensiv mit der individuellen Entwicklung und Wegfindung von Menschen im Rahmen von Coachings.

In den unterschiedlichen Ausbildungen in ihrem Institut für Kynogogik bildet sie Moto-Kynogogik® Coaches, Berater für Kynogogik®, Coaches für Kynogogik®, Fährten- und Mantrailing Trainer, Treibballtrainer und Therapie-Begleithund-Teams aus.

Ein weiterer Schwerpunkt ihrer Arbeit ist die systemische Aufstellungsarbeit für Menschen mit Hunden, die den Teilnehmern ermöglicht, einen neuen Blickwinkel auf die Beziehung zu ihrem Hund und ihre individuelle Geschichte zu erlangen.

Index

A

B

C

D

E

F

G

H

I

J

K

L

M

N

O

P

R

S

T

U

V

W

Z